高效團隊默默在做的三件事

Google、迪士尼、馬刺隊、海豹部隊都是這樣成功的

丹尼爾・科伊爾 Daniel Coyle——著
王如欣——譯

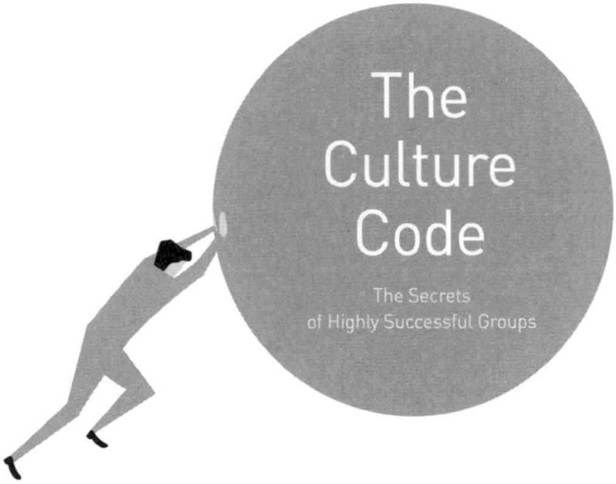

獻給我的父親

文化（culture）：

源於拉丁文*cultus*，意指「關心」（care）。

目次 Contents

技巧三 確立目標 201

前言　二加二等於十

讓我們先問一個老掉牙的問題：**爲什麼某些團隊的整體表現會勝過其個別成員的總和？而某些團隊的整體表現卻是比較差？**

爲了找出答案，設計師兼工程師彼得．斯基爾曼在幾年前舉辦過一項競賽。他在數個月間聚集了許多來自史丹佛大學、加州大學、東京大學和其他各處的四人團隊，讓他們使用以下的材料，比賽誰能夠建造出最高的結構體：

- 二十條未曾煮過的義大利麵條。
- 一碼長的透明膠帶。
- 一碼長的繩子。
- 一顆標準尺寸的棉花糖。

這場競爭有一項規則：棉花糖必須放在最頂端。不過這項實驗有趣的地方不只在於任務本身，更在於其參與者——有些團隊是由商學院學生組成，有些則是由幼稚園兒童組成。

商學院學生立即著手進行。他們開始策略性地討論與思考、檢查材料，並來回交換想法，提出思慮周詳又精明的問題。他們擬出好幾個選項，然後打磨最有可能成功的那些點子。他們展現出專業、理性與聰穎，最後決定採用某項特定的策略，然後便分工開始建造。

幼稚園兒童使用的方式則截然不同。他們沒有制定策略，不分析也不分享經驗，不發問、不提出建議也不追求想法的完美；事實上，他們幾乎不太談話。他們彼此站得很近，互動既不流暢也沒有條理。他們驟然從另一人手中攫取材料開始建造，不遵從計畫或是策略。當他們說話時，使用的是短促的話語：「這邊！不對，這裡！」整個技巧可形容爲只是在一**起嘗試一堆東西**。

如果你要賭哪個團隊將會勝出，這個選擇並不困難。你應該會下注在商學院學生團隊上，因爲他們擁有卓越地完成工作的聰明才智、技巧與經驗。這是我們對團隊績效的一般想法。我們認爲技能純熟的個人合在一起也會有熟練的表現，就如同我們認爲二加二會等於四一樣。

但你可能押錯注了。在數十次嘗試中，幼稚園兒童建造出的結構體平均有二十六英寸高，而商學院學生建造出的卻平均低於十英寸。*

這彷如錯覺一般的結果令人很難接受。我們很難想像聰明、經驗豐富的商學院學生，聯合起來成效欠佳；我們也很難想像未諳世事、欠缺經驗的幼稚園兒童，聯合起來卻如此成功。之所以會有這種錯覺，是因爲人的直覺引導我們專注在錯誤的細節，也就是個人的技能上。然而個人技能並不是最重要的，最重要的是互動。

商學院學生看起來是在協作，但事實上他們膠著在心理學家稱爲地位管理（status management）的過程中，一心思考著自己在較大格局中的定位：**是誰在掌控？批評某人的想法沒有關係嗎？這裡的規則是什麼？**他們的互動表面上看起來流暢，但實際上卻充斥著毫無效率、猶豫不決與暗中較勁的行爲。他們沒有全神貫注在任務上，而是

---

* 幼稚園兒童的團隊也打敗了律師團隊（他們的結構體平均是十五英寸高）以及執行長團隊（二十二英寸高）。

在處理對彼此的憂慮。他們在管理地位方面耗費了許多時間，以致無法掌握問題的本質（棉花糖相對沉重，而且義大利麵條不容易固定）。這導致他們初次的嘗試通常都以失敗作收，時間於是不敷使用。

幼稚園兒童的行動表面上看起來毫無章法，但把他們視爲單一的個體時，他們的行爲既有效率也有效益。他們不爭奪彼此的地位，而是肩並肩站立，精力充沛地一起工作。他們在偵測問題與提供協助之間快速移動，並且實驗、冒險、留意成果，使其得以更有效率地解決問題。

幼稚園兒童的勝出，並不是因爲他們比較聰明，而是他們以比較聰明的方式一起工作。他們利用簡單而有力的方式，讓一個由平凡人組成的團隊，可以創造出遠超過他們個別加總的績效。

這本書就是要告訴你，這個方式是如何運作的。

團隊文化是世界上最強大的力量之一。我們在成功的企業、奪冠的隊伍以及興旺的家庭中都可以察覺到它的存在；當它缺席或有害時，我們也察覺得出來。我們還能夠量測它對盈虧的影響（根據哈佛大學對超過兩百家公司所做的研究，強大的文化讓公司的淨收益在十年間提升了七百六十五％）。然而文化的內在運作仍然神祕未知。

我們都想要組織、社區與家庭裡擁有強大的文化，我們也都知道它有效，我們只是不知道它究竟是**如何**運作的。

原因可能來自我們對文化的思考方式。我們通常認為文化跟DNA一樣，是一種群體特徵。像Google、迪士尼以及美國海豹部隊那樣既強大又良好的文化，感覺是如此突出且與眾不同，似乎是早已安排好的，甚至在某種程度上是已經注定的事。在這樣的思維底下，文化的有無便是由命運所決定的；某些團隊天生就擁有強大的文化，有些則沒有。

本書則採用不同的方式來思考文化。我花了四年的時間造訪、研究世界上最成功的團隊，包括特種部隊軍事單位、舊市區學校、專業籃球隊、電影工作室、喜劇表演團體、珠寶大盜等等。*我發現他們的文化都是由特定的技巧所打造。這些技巧運用我

---

* 我用以下的資格挑選團隊：首先，他們在至少過去十年間的表現都在各自領域中的前一％（條件適用的話）；其次，他們因為含括不同的成員而達致成功；最後，他們的文化得到其產業內外學識淵博人士的讚賞。為了避免選擇上的偏頗，我也檢視過許多不太成功的文化（如第三章的飛彈發射員）。

們社會腦（social brains）的力量來創造互動，就像建造義大利麵條塔的幼稚園兒童那樣。我也將使用這些技巧來形成本書的架構。技巧一：打造安全感，探索人與人之間的連結訊號如何衍生出歸屬感與認同感的紐帶。技巧二：分享弱點，解釋與人共享風險的習慣如何驅動令人信賴的合作。技巧三：確立目標，說明對於事件的陳述如何創造出共有的目標與價值。這三項技巧由下而上一起運作，首先打造出團隊中的連結，再將這份連結灌注到行動上。書中每一部分的結構都像是一趟旅行：我們會先探索每一項技巧的運作方式，然後進入現場，花時間與每天使用這些方法的團隊與領導者相處。這三大部分的最後一章，都會對你的團隊該如何運用這些技巧提出具體的建議。

接下來，我們會置身於世界上績效最高的文化之中，檢視讓它們得以運作的到底是什麼。我們也會檢視大腦的運作機制，以了解信任與歸屬感是如何打造出來的。我們會發現，聰明才智被高估了，容易犯錯其實極爲關鍵，以及當個好人可能不如你想像的那麼重要。最重要的是，我們將會獲知高績效團隊的領導者，是如何在瞬息萬變的世界中，擊敗妨礙他們追求卓越的挑戰。雖然成功的文化看起來、感覺起來有如變魔術一般神奇，但其實不然。文化是一組有生命力的關係，讓我們朝向共同目標而努力。文化並不在於你是什麼，而是你做了什麼。

技巧一

打造安全感

1 好蘋果

壞蘋果實驗

這是尼克，英俊瀟灑、頭髮黝黑、二十來歲。他和其他三個人一起舒適地坐在西雅圖一間以木板隔間的會議室內。他看起來就是個一般會議中的一般參與者。然而這只是個僞裝。尼克的任務其實是要刻意破壞這個團隊的表現，但是會議室中的其他人並不知情。

在澳洲南威爾斯大學研究組織行爲的威爾．菲爾普斯正在進行一項實驗，而尼克就是這項實驗的關鍵元素。尼克需要扮演三種負面的典型：討厭鬼（挑釁、反抗的行爲偏差者）、懶鬼（拒絕付出努力者）以及掃興鬼（像《小熊維尼》中的消極灰驢屹耳一樣）。尼克將在四十個爲一家新創公司建構行銷計畫的四人團體中，扮演這三種類型的角色。就好像生物學家會將病毒注入人體一樣，菲爾普斯將尼克安置在這些團隊之中，以了解成員會有什麼樣的回應。菲爾普斯稱此爲「壞蘋果實驗」。

尼克很擅長使壞。幾乎在每一個團隊中，他的行爲都讓團隊成效減少三十到四十％。不論他是扮演討厭鬼、懶鬼還是掃興鬼，都一樣成功。

菲爾普斯說：「每個人在會議開始時都是興高采烈的。當尼克扮演掃興鬼時，他會表現得很安靜、疲倦，有時在桌子前垂下頭。慢慢地，其他人全都開始表現得像他一樣，疲倦、安靜而且活力低落。到最後，有三個人和他一樣，雙手交疊、在桌子前垂下頭。」

當尼克扮演懶鬼時，也出現類似的模式。「團隊很快就接收到他給人的感覺。他們草草完成專案，考慮不周。然而有趣的是，當你事後問及他們的感想，他們表面上卻都很正面，表示：『我們做得很好、很享受。』但事實並非如此。他們感受到的是：這個專案並不重要，不値得花費時間或心力。我原本期待團隊中有人會對懶鬼或是掃興鬼的角色感到不舒服，但卻沒有人這麼想。他們就像是：『好吧，如果這樣的話，我們也來當懶鬼和掃興鬼好了。』」菲爾普斯說。

只有一個團隊除外。

菲爾普斯說：「那是一個外行的團隊。我會特別注意到，是因爲尼克說他覺得他們很不一樣。不管他怎麼做，他們都表現得很好，而這主要是因爲某個傢伙。看得出來這個傢伙幾乎讓尼克感到憤怒——他的負面舉動不像在其他團隊中有效，因爲這個傢伙可以找到四兩撥千斤的方法，讓每個人都參與，讓大家朝著目標前進。」

我們姑且叫他強納森吧。他是個身材纖瘦、一頭鬈髮的年輕人，聲量小、語氣穩定、帶著輕鬆自如的笑容。儘管有壞蘋果的作用，強納森的團隊還是聚精會神並且精力充沛，生產出高品質的成果。更有意思的是，從菲爾普斯的觀點來看，初見強納森時，他似乎什麼也沒做。

菲爾普斯說：「有很多簡單的小事一開始幾乎讓人視若無睹。尼克先是當個討厭鬼，然後強納森會往前傾、使用身體語言、笑出聲音與面帶微笑，從不帶輕蔑，而是用一種讓危機遠離以化解狀況的方式。一開始似乎沒有什麼太大的不同，但是當你仔細觀察，會發現這產生了一些驚人的作用。」

菲爾普斯一再檢視錄有強納森行爲的影片，像是觀察網球的發球或是舞步一般地分析其舉止。他的行爲遵循著一個模式：尼克表現得像個混蛋，而強納森會立即親切地回應，使負面的態度重回軌道，讓可能不穩定的狀況變得可靠與安全。接著強納森會改變方向，提出一個讓其他人可以暢所欲言的問題，然後他會專注地傾聽與回應。活力的層級因此提升，大家敞開心胸分享想法，提出讓團隊迅速並穩定地邁向目標的一連串見解與合作方式。

菲爾普斯說：「基本上，強納森讓情況變得安全，然後轉問其他人：『嘿，你對這有什麼想法？』有時他甚至會問尼克：『你會怎麼做？』大多數時候他流露出這樣的態度：**『嘿，這眞的讓人感到自在又有趣，我對其他人想要說的內容感到好奇。』**如此簡單、微小的行爲能讓每個人保持參與並專注在任務上，眞是令人讚嘆。」即使是尼克也幾乎在違背自己的意願下，覺得幫上了忙。

這個好蘋果的故事在兩個方面讓人感到驚奇。首先，我們通常認爲團隊績效有賴於可量測的能力，像是聰明才智、技巧與經驗，而非微小行爲難以捉摸的模式。但是在這個案例中，那些微小的行爲卻產生大大的不同。

第二個令人驚奇的是，強納森的成功並不是因爲他扮演了我們通常會以爲的強大領導者。強納森從未掌控或告訴任何人要做什麼，也沒有制定策略、激勵他人或是展示出遠景。他並沒有在打造出讓其他人有所表現的環境上有多大的作爲，而是建構出一個具有明確關鍵特徵的環境：**我們很穩定地連結在一起**。

我們通常不認為安全感有這麼重要。我們將安全感視為與情緒天氣系統相同，都是注意得到但幾乎不會造成多大改變的東西。然而這個實驗打開了一扇窗，讓我們得知一種強而有力的概念：安全感不只是情緒天氣，而是打造強大文化的地基。而更深層的問題是：**它從哪裡來？要如何才能打造出來？**

高績效團隊的化學反應

當你請高績效團隊的成員描述彼此之間的關係時，他們通常都使用相同的詞彙：不是**朋友**、**團隊**、**集團**或其他同樣美好的詞語，他們使用的詞是**家人**。而且，他們也會用相同的方式，描述他們對那些關係的感覺。

我無法解釋，但就是感覺對了。其實我有幾次試著要離開，但都還是回來了。其他地方沒有這樣的感覺。這些傢伙就像我的兄弟一樣。（克里斯多福．鮑德溫，美國海豹部隊第六分隊）

這並不是理性的。純粹抱持理性想法的人不會在這裡做事。我們在做的是超越團隊的團隊工作，而且與其他人的生活交疊。（喬．內格朗，美國奇普公辦民營特許學校）

那是一種強烈的感受，你知道你可以冒很大的險，而這些人無論如何都會支持你。我們對這種感覺上癮了。（奈特．鄧恩，正直公民喜劇團）

我們所有人就像一個家庭團隊，因爲它讓你冒更多的險，給予彼此許可，並能擁有脆弱的時刻，而這是其他較一般的環境不可能發生的。（杜恩．布雷，IDEO設計公司）*

我造訪這些團隊時，注意到一種明顯的互動模式。這個模式並非存在於大型的事件，而是在社交連結的微小瞬間中。不管是在軍事單位、電影工作室或是舊市區學校內的團隊中，都有這些互動。我列出了如下清單：

- 身體的親近，這通常發生在一個圈子裡。
- 充分的眼神接觸。
- 身體的碰觸（握手、擊掌、擁抱）。
- 許多短而精力充沛的交流（而非長篇大論）。
- 高度的融合，每一個人都會交談。
- 很少插話。
- 很多提問。
- 專注而積極的傾聽。
- 幽默，笑聲。
- 微小而體貼的殷勤（道謝、開門等）。

---

* 這並不是出於巧合，許多成功團隊都採用家庭式的識別名稱。在皮克斯動畫工作室工作的是皮克斯人，在Google工作的是Google人。同樣的說法也出現在薩波斯網路鞋店（薩波人）、奇普公辦民營特許學校（奇普人）與其他機構。

另外還有一件事：我發現待在這些團隊裡，身體會上癮。我會延長我的旅程、編造藉口，只爲了多停留一到兩天。我發現自己在夢想更換職業，好讓自己去應徵得以和他們共事的工作。跟這些團隊待在一起會有某種難以抗拒的東西，讓我渴望有更多的連結。

我們用來描述這種互動的詞彙是**化學反應**。當你與擁有好的化學反應的團隊相遇時，你立刻就會知道。那是一種既矛盾又強大的感覺，混合了興奮與深深的安慰，在某些特別的團隊之中神祕地發生作用，而在某些團隊中則沒有。你沒有辦法預期或是控制它。

還是其實你可以？

建立安全連結的歸屬感線索

在麻州劍橋一棟閃亮的現代式建築的三樓，有一群科學家正執著於了解群體化學反應的內在運作。麻省理工學院人類動力學實驗室由幾間不起眼的辦公室組成，被許多房間與辦公室包圍著。放置在實驗室裡的東西，有英式電話亭、穿著鋁箔紙製褲子的人形模特兒，還有看起來像是從天花板垂吊下來的雲霄飛車。這間實驗室由電腦科學專家亞歷克斯．彭特蘭管理，他講話聲調輕柔，雙眼明亮，蓄著濃密的鬍鬚，和鄉村醫生一樣好相處。彭特蘭的職業生涯是從研究河狸的窩的衛星照片開始，他建構了一種從未改變過的研究方法：用科技來揭示隱藏的行為模式。

「人類的訊號看起來就像其他動物的訊號。」我們在他舒適的小茶水間裡的咖啡桌前坐下時，彭特蘭告訴我們，「你可以測量利益程度、誰是主導、誰在合作、誰在模仿、誰在同步。我們擁有這些溝通的渠道，不需思考便能使用。舉例來說，如果我向你前傾個幾英寸，我們可能就會開始進行鏡像模仿。」

彭特蘭靠得離我更近，他揚起眉毛、眼睛睜得更大。我發現我也在這麼做，而這幾乎違背了我的意願，令我感到驚訝。他帶著令人安心的笑容往後退了回去，說道：「這只有在我們親近到可以碰觸身體時才有用。」

彭特蘭介紹我認識一位正在對參與義大利麵與棉花糖競賽的團隊進行分析的科學家歐倫．雷德曼。我們沿著大廳走到雷德曼的辦公室去看那段分析影片。這個參與競賽的團隊由三名工程師與一名律師組成，他們建立的結構體很好。雷德曼說：「雖然這個團隊的表現仍不如幼稚園兒童，但卻比MBA的學生要好。他們彼此之間不太交談，這點確實有所幫助。」

這不只是雷德曼的看法，而是事實。在我們談話的同時，跟這個團隊績效有關的大量數據在電腦螢幕上流淌而下，其中包括每一個人花在談話上的時間比例、聲音的活力程度、說話的節奏、對話輪替的流暢、插話的次數，以及每個人模仿其他人聲調模式的數量等。雷德曼使用一個約信用卡大小，內建麥克風、GPS以及其他感應器的小型紅色裝置，捕捉到這些數據。

這個裝置名爲「社會尺標」（sociometer）。它會將每秒進行五次的採樣無線上傳到伺服器，並在伺服器上轉成一系列的圖表。彭特蘭告訴我，圖表只是這些數據的冰山一角。只要雷德曼和彭特蘭願意，他們可以利用社會尺標來捕捉每位參與者在面對面接觸時的親近度與時間比例。

總而言之，這是一種實時、深度分析的數據，你可以想像這種數據被用來衡量總統大選的民調結果或高爾夫的揮桿。只是這次的情況不同，社會尺標所捕捉到的，是人類用來形成安全連結的原始語言，而這種語言是由歸屬感線索（belonging cues）所組成的。

歸屬感線索是團隊中打造安全連結的行爲，包括：親近度、眼神接觸、能量、模仿、對話輪替、注意力、肢體語言、聲調、重點的一致性，以及團隊中是否所有人都會互相交談等。歸屬感線索就像任何語言，無法被縮限在孤立的瞬間，而是由社交關係中的穩定互動所構成，其功能是要回應始終洋溢在我們腦子裡的那些古老問題：**我們在這裡安全嗎？和這些人一起的未來是什麼？有沒有潛在的危險？**

彭特蘭說：「現代社會眞是驚人。數十萬年來，我們需要可以發展出凝聚力的方式，因爲我們非常依賴彼此。人類在使用語言前就已經使用訊號了，而我們的無意識大腦也已經驚人地能夠接收某些類型的行爲。」

歸屬感線索具有三種基本特質：

①活力：它們現身於正在發生的交流之中。

②個人化：它們視個人爲獨一無二且具有價值。

③未來方向：它們傳達出這份關係將會持續的訊號。

這些線索加在一起，形成了一個可以簡單描述的訊息：**你在這裡很安全**。它們會通知我們永遠保持警戒的大腦，讓大腦知道可以不用再擔憂危險了，並且轉換成連結模式，也就是我們稱爲心理安全的狀態。

在哈佛大學研究心理安全的艾米．埃德蒙遜說：「我們人類很擅長解讀線索，對於人際間的現象有驚人的專注。在我們的大腦中，有一個地方會一直擔心別人對自己的看法，尤其居高位者更是如此。就我們的大腦而言，如果遭到社會系統拒絕，我們可能就會死去。由於我們對危險的感知十分自然與自動，因此機構與組織必須有相當特別的作爲才能克服這種自行觸發的感知。」

正如彭特蘭與埃德蒙遜所強調的，打造心理安全的鎖鑰是承認我們的無意識大腦對它有多麼執著。僅只一點點歸屬感的暗示並不足夠；一道或兩道訊號也不夠。我們天生就是需求大量的訊號，而且要一再地重複。這就是爲什麼歸屬感很容易摧毀卻很難建造的原因。這讓曾擔任過美國眾議院議長的德州政治家薩姆．雷本評論說：「摧毀一座穀倉很簡單，任何笨蛋都能辦得到；但是要打造一座穀倉卻需要一位優秀的木匠才行。」

這個觀點有助於檢視壞蘋果實驗。尼克僅是傳送出一些沒有歸屬感的線索，就可以破壞團隊的化學反應。他的行爲對團隊來說是個強而有力的訊號——我們不安全，而這立即導致了團隊成效的瓦解。另一方面，強納森則是穩定地做出代表安全感的細微行爲。他連結每一個人、專注地傾聽、傳送出這份關係很重要的訊號。他是歸屬感線索的源泉，而團隊也同樣地回應他。

最近幾年，彭特蘭和他的團隊使用社會尺標捕捉在看護病房、客戶服務中心、銀行、薪資協商與商業宣傳等數百個團體的互動。他們在每一項研究中都發現同樣的模式：不需要在意所有訊息的內容，而是只要專注在少數的歸屬感線索上，就有可能預測團隊的成效。

舉例來說，彭特蘭和賈瑞德．科漢使用社會尺標分析由商學院學生成對扮演雇員與老闆的四十六組模擬談判。這項談判任務是要協商出新職位的條件，包括薪資、公務車、假期和健康福利等。彭特蘭與科漢發現，社會尺標在前五分鐘所蒐集的數據，便能有力地預測出談判的結果。換句話說，在互動一開始所傳遞出的歸屬感線索，遠比他們所說的內容重要。

另一個實驗是分析創業者向一群主管宣傳商業點子的一項競爭。每一位參賽者都向這個主管團隊報告他們的計畫；然後該小組會選擇最有希望的計畫，將其推薦給外部的天使投資人（angel investors）。彭特蘭發現，只追蹤報告者與聽眾之間交流的線索而完全忽略資訊內容的社會尺標，其預測的分級幾乎完全正確。也就是說，宣傳內容的本身，並不如在傳遞與接收內容之間出現的線索來得重要（當天使投資人檢閱書面計畫，只看資訊內容而忽略社交訊號時，他們做出的分級會相當不同）。

彭特蘭記下：「（傾聽宣傳內容的）主管認爲他們是根據理性的計量方法在評估計畫，例如：這個點子的原創性如何？它如何適用於目前的市場？這項計畫的構想是否周詳？在傾聽時，他們大腦的另一部分正在標記其他的關鍵訊息，例如：這個人對這個想法有多少信心？他們在說話時有多自信？他們對這項工作有多少決心？而後面這些資訊——商業主管們甚至不知道他們在評估的資訊——對他們的商業計畫選擇來說，影響才最爲重大。」

「這是一種思考人類的不同視角。」彭特蘭說，「個體並非眞的是個體。他們更像是在爵士樂四重奏裡的音樂家，一起形成了無意識行動與反應的一張網，在團隊中彼此互補。你看的不是訊息中的資訊內容，而是顯示出訊息如何被傳送的模式。那些模式包含許多告訴我們關於這份關係與表層底下眞實面的訊息。」

整體而言，彭特蘭的研究顯示出團隊績效是如何受到以下五項可計量的因素所驅動的：

①團隊中每個人的談話與傾聽大致等量，談話內容保持簡短。
②成員維持大量眼神接觸，而且對話與姿勢充滿活力。
③成員直接相互溝通，而非只與團隊領導者溝通。
④成員在團隊中進行非正式與額外的對話。
⑤成員定期分開、探索團隊之外的世界，並帶回與其他成員分享的資訊。

這些因素忽略了我們會拿來與高績效團隊聯想在一起的每項個人技巧與特徵，將其置換成我們通常以爲很原始所以微不足道的行爲。然而在預測團隊績效上，彭特蘭和他的同事卻認爲沒有什麼比這些更爲重要。

彭特蘭說：「集體智慧在某些方面與森林中的類人猿沒什麼不同。一隻（類人猿）很熱情，然後這項訊號召來其他的類人猿，接著牠們一起開始做一件事情。這就是團隊智慧運作的方式，而這正是人們不解的地方。很少會有人只因爲別人說的話而改變行爲。那畢竟只是文字而已。當我們看到同儕團體中的人發揮創意時，我們的行爲才會產生變化。這就是智慧被創造出來的方法，也是文化被打造出來的方式。」

只是文字而已。這並非我們習以爲常的想法。通常，我們認爲文字很重要；我們認爲團隊績效與成員的語言智能以及他們建構和交流複雜想法的能力有關。但是這項假設是錯誤的。文字只是噪音。團隊績效有賴於傳遞一個首要的強大概念：**我們很安全而且彼此連結在一起**。

2 什麼都沒做就創造了上億收益？Google 的致勝關鍵

「這些廣告遜斃了」

二〇〇〇年代初期，美國一些曠世奇才在一項比賽中安靜地競賽。他們的目標是建立可以將網路使用者的搜尋與目標廣告連結在一起的軟體引擎，這是一項有潛力開啓數十億美元市場的任務，聽起來深奧難解。不知哪家公司會勝出。

受歡迎程度勢不可擋的是一家位於洛杉磯、資金充足的 Overture 公司，由優秀的創業家比爾．格羅斯所領導。格羅斯在網路廣告的領域居於領先地位，他發明了每點擊付費的廣告模式、寫出了編碼，將 Overture 打造成生意興隆的企業，賺進數億美元的利潤，最近的首次公開募股價值便高達十億美元。換句話說，Overture與其競爭者之間的競賽十分不平等，就像你會賭MBA學生在義大利麵和棉花糖挑戰中將打敗幼稚園兒童那樣：因爲Overture擁有贏得比賽的智慧、經驗與資源。

但是Overture並沒有贏，贏家竟然是一家小型、年輕的公司Google。讓比賽改觀的那個時刻尤其值得一提。二〇〇二年五月二十四日，Google創辦人賴利．佩吉在加州山景城灣岸公園大道二四〇〇號的Google廚房牆上釘了一張便條紙，上面寫著：

這些廣告遜斃了

傳統商業世界中，在公司廚房貼上這樣的便條紙並不尋常。然而，佩吉並非傳統的生意人。以創業者而言，他看起來就像個國一學生，有雙大而警覺的眼睛、留著鍋蓋髮型，講話很容易就像機關槍一樣劈里啪啦地傾瀉而出。他的主要領導技巧——如果那也算得上是技巧的話——就是開啓與持續進行一些大型、精力充沛、毫不設防的辯論會，在其中激盪打造出最佳策略、產品與想法的方式。在Google工作有如進入一場巨大、不斷持續的角力競賽，沒有人可以自免於外。

這個方式也延伸到在公園大道上舉行的全體員工街頭曲棍球比賽（一位選手回想時說道：「和創辦人們搶奪那塊橡膠圓盤時沒人在客氣的。」），以及無論提出的問題多有爭議，所有人都可以挑戰創辦人——而創辦人也可以挑戰所有人——的星期五論壇。曲棍球比賽和星期五論壇內經常衝突不斷。

在佩吉將便條紙釘上廚房牆上的那一天，Google 與 Overture 之間的競爭進展得並不順利。Google 稱爲關鍵字廣告（AdWords）引擎的專案，正在完成配對搜尋詞條與適當廣告的基本任務上苦苦掙扎著。例如，如果你輸入「Kawasaki H1B」摩托車的搜尋字眼，你會收到律師幫你申請 H-1B 美國簽證服務的廣告，而這失敗將會毀掉整個專案。於是佩吉列印出那些失敗案例，大大地寫下了前述那幾個字，再將這份東西釘在廚房的公告板上，便離開了公司。

傑夫．狄恩是 Google 辦公室裡最後見到那張便條紙的幾位人士之一。狄恩來自明尼蘇達州，是個安靜、纖瘦的工程師，他在大多數方面是佩吉的對立版本：他面帶微笑、擅長社交、總是彬彬有禮，而且辦公室的人都知道他愛喝卡布奇諾。狄恩並沒有立即處理關鍵字廣告問題的動機。他在搜尋部門工作，那是公司中一個很不一樣的領域，而且他正忙著處理自己的迫切問題。狄恩在那個星期五下午的某個時刻走進廚房沖泡卡布奇諾時，瞥見了佩吉的便條。他翻看附在下面的頁面，邊看腦海中邊閃過一個念頭，他模模糊糊地感覺不久前自己曾遇過類似的問題。

狄恩走回辦公桌，開始嘗試修正關鍵字廣告引擎。他沒有尋求任何人的許可，而是直接投入工作。幾乎在每個層面上，他的決定都不合理。他爲了和一個沒有人期望他處理的難題進行角力，忽略他背後堆積如山的工作。他在任何時間都可以放棄，也不會有人知道。但是他沒有。事實上，他還在星期六進辦公室，花好幾個小時處理關鍵字廣告的問題。星期天晚上，他和家人晚餐，哄他兩個幼小的孩子睡覺。晚上九點左右，他開車回到辦公室，沖泡了另一杯卡布奇諾，然後熬夜工作。他在星期一凌晨五點零五分發出一封列出建議修正內容概要的電子郵件，然後開車回家，上床睡覺。

狄恩的努力發揮作用了，他修正、解開了難題，立即讓引擎的正確性以兩位數飆升。這項修正的力道以及受到它啓發的後續修正，使關鍵字廣告迅速占領了每點擊付費的市場。而 Overture 受限於內鬥與官僚主義，進行得並不順利。在狄恩修正後的一年內，Google 的利潤從六百萬美元增加到九千九百萬美元。到了二〇一四年，關鍵字廣告每天進帳一億六千萬美元，廣告就占了 Google 九十％的收入。《Google 總部大揭密》作者史蒂芬．李維寫道，關鍵字廣告的成功「很突然，具有轉變力、決定性，而且對於 Google 的投資者與員工來說，很光榮……它成爲 Google 的命脈，爲這家公司在那之後想到的每一個新點子與創新提供資金」。

不過那還不是這個故事最奇怪的部分。因爲在 Google 內部，有一個人對這起事件不以爲意。對他來說，這個歷史性的週末，印象如此模糊到他幾乎記不起來。那個人恰巧就是傑夫．狄恩。

二〇一三年某天，Google 顧問強納森．羅森伯格爲了他與人合著的一本與 Google 有關的書去找狄恩。羅森伯格想要知道狄恩對這個故事的說法，所以開頭就說：**我想跟你談談關鍵字廣告引擎、賴利的便條和廚房**，並很自然地期待狄恩聽懂他的暗示，然後開始回想。但是狄恩反而露出一臉不知其所以然的表情。羅森伯格有點困惑，只好一個接著一個地補充細節。這時，狄恩臉上才露出恍然大悟的表情：**喔，對！**

這不是我們期待狄恩會有的反應。就好像我們很難想像麥可．喬丹會忘記他贏了六次 NBA 總冠軍一樣。不過那確實就是狄恩在當時以及今日的感受。

「我是說，我記得有發生這件事。」狄恩如此告訴我，「但是老實說，我並沒有記得很清楚，因爲我覺得那沒什麼大不了的。沒什麼特別也沒什麼不同，很平常。像那樣的事情一直都在發生。」

很平常。Google 成員的互動，完全就像義大利麵和棉花糖挑戰中的幼稚園兒童。他們不管地位，也不擔心是誰在掌控。他們的小型建築讓成員得以保持高度親近與面對面互動。佩吉促使全體爲解決困難問題而進行辯論的技巧，傳達出認同感與連結的有力訊號，不受拘束的曲棍球比賽與開放的星期五論壇也是如此（**團隊中的每個人進行大致等量的說與聽**）。他們以簡短、直接的表達溝通（**成員們面對彼此，對話與姿勢充滿活力**）。Google 是建立歸屬感線索的溫床，裡面的人肩並肩地工作，安全地連結在一起，沉浸於專案之中。而 Overture 儘管擁有先行的優勢與十億美元的資金，卻受到官僚系統的妨礙。公司的決策，需要進行數不盡的會議討論科技、戰術與策略等；每一件事都必須經過多重的委員會認可。Overture 的歸屬感得分可能偏低，「那邊根本是一片混亂。」一名員工對科技雜誌《連線》這麼說。Google 並不是因爲比較聰明而勝出，而是因爲比較安全而勝出。*

小小的改變，造就大大的不同

讓我們仔細看看大腦中的歸屬感線索如何產生作用。假設我給你一道有點難度的謎題，目標是在地圖上排列出顏色與形狀。你愛想多久就想多久。我解釋完這項任務之後，就丟下你獨自進行。兩分鐘後我回來了，並且遞給你一張手寫便條紙。我告訴你那是一位叫做史蒂夫的參加者寫的，你從未見過他。我告訴你：「史蒂夫稍早前做過這道謎題，他想跟你分享一個建議。」你讀完這個建議後繼續工作。而這就是一切開始改變的時刻。

你在還沒有嘗試下，就更加努力地想要解開謎題。你的大腦深處開始醒覺。你得到兩倍之多的激勵，工作時間延長五十%，投入更多精力也更加享受，而且還持續獲得滿足感。兩週後，你會想接受類似的挑戰。在本質上，那片紙張將你改造成一個更

---

* Google 和 Overture 的模式並非特例。一九九〇年代，社會學家詹姆士·貝倫與麥可·韓南分析了矽谷約兩百家科技新創公司的基礎文化。他們發現，大多數人都遵循著明星模式、專家模式與承諾模式這三種基本模式中的其中一種。明星模式著重在發現與雇用最聰明的人才；專家模式著重在以專業技巧打造團隊；而承諾模式著重在發展出擁有共同價值與強大情緒連結的團隊。在這三種之中，承諾模式一貫地引導出最高的成功率。在二〇〇〇年代科技突然泡沫化的期間，使用承諾模式的新創公司比使用其他兩種模式的公司，存活率高出許多，而且獲致首次公開募股的機會高達三倍之多。

聰明、更進入狀況的你。

事實上，史蒂夫的建議並非眞的有用。它是不相關的資訊。讀過建議之後所產生的動機上的改變，以及你所經驗到的行爲，都是因爲讓你與某個關心你的人產生連結的這項訊號。

我們在一項稱爲「你願意將手機給陌生人嗎？」的實驗中得到另一個例子。這個實驗由兩個情境與一個問題構成。

- **情境一**：你在大雨中站在火車站。一名陌生人靠近你禮貌地詢問：「我可以借用你的手機嗎？」
- **情境二**：你在大雨中站在火車站。一名陌生人靠近你禮貌地詢問：「眞抱歉雨下得這麼大。我可以借用你的手機嗎？」
- **問題**：你比較有可能回應哪一位陌生人？

乍看之下，這兩個情境並沒有多大不同。兩名陌生人都提出牽涉到在信任感上跨出一大步的同樣問題。此外，比較重要的因素似乎是偏向與**你**有關，而非與他們有關；

也就是你對於將一個具有價值的物品交到陌生人手上的自然傾向。總而言之，一個理性思考的人可能會預測這兩個方法的回應比例將大致相同。

理性思考的人可能錯了。當哈佛商學院的艾莉森．伍德．布魯克斯執行這項實驗時，她發現第二個情境的回應率躍升四百二十二％。那九個字——**眞抱歉雨下得這麼大**——轉換了人們的行為。它們的作用就像是謎題實驗裡的史蒂夫，是不會被搞錯的訊息：**這是一個安全連結的地方**。你會不假思索地遞出手機，並且建立連結。

「這是個重大的效應。」執行史蒂夫與其他實驗的葛雷哥理．華頓博士說，「這些是傳達關係訊號的線索，它們完全轉變人們連結的方式、他們的感受和行為。」*

他說在歸屬感線索中最為鮮活的例子，是一個澳洲研究小組的研究，該研究對七百七十二名自殺未遂後入院的患者進行了檢查。半數患者在出院後的幾個月間，收

---

* 這個效應還能如此方便地使用：思及你的祖先會讓你變得更聰明。由彼得．費雪帶領的一個研究團隊發現，花幾分鐘思考你的族譜（對比思考朋友、購物清單或什麼也不想），會大大提升認知智能測驗的成效。這項假說在於表現，思及我們與團隊的關聯性，會增加我們對自主性與控制的感覺。

到寫有以下內容的明信片：

親愛的＿＿＿＿：

您離開新堡總醫院已經有一段時間了，我們希望您一切順利。如果您想寫信給我們，我們會很高興收到您的訊息。

致上最美好的祝福。

（署名）

接下來的兩年間，收到明信片的患者其再入院率是沒有收到明信片患者的一半。華頓說：「一個微小的訊號可以導致巨大的成效。但是更深層的是要了解你不能只給一次線索。這是在建立關係，傳遞出我關心你，而且我們一起做的是在這份關係脈絡中的事實。這是一種對事情的陳述，你必須持續地進行。它與感情關係沒什麼不同。你有多常告訴你的伴侶你愛他們？當然你或許原本就真的愛他們，但是讓他們一再知道你愛他們仍然很重要。」

歸屬感必須持續地保持新鮮與強調這個概念，值得我們細細思量。如果我們的大腦是用邏輯來處理安全感，我們就不會需要規律地加以提醒。但是我們的大腦在數百萬年的天擇中出現，並非是因爲它以邏輯來消化安全感。大腦的出現，是因爲我們強迫性地在警戒危險。

這份執念源自於大腦深層的核心——杏仁核，那是我們原始的警戒裝置，它持續地審視周遭環境。當我們感覺到威脅時，杏仁核會拉動我們的警報線，開啓戰鬥或逃跑反應，使我們身上充滿促進身體機能的荷爾蒙，並且讓我們所感知的世界退縮成一個單一問題：**爲了生存下來我需要做什麼？**

然而科學界近來發現，杏仁核不只是對危險做出反應而已，它在建造社交連結上也是舉足輕重：當你接收到歸屬感線索時，杏仁核會切換角色，開始使用龐大的神經系統來建立並且支撐你的社交聯繫。它追蹤你的團隊成員、理解他們的互動，並且爲有意義的參與進行準備。它很快地將一隻低吼的看門犬轉變成爲一隻精力充沛的導盲犬，腦子裡只想著一個問題：確保你與其他人緊密地連結在一起。

隨著杏仁核以不同方式愉悅地發生作用，我們大腦審視到的一切也會變得生動而鮮明。紐約大學社會神經科學家杰．范．巴弗爾說：「一切都翻轉了。在你成爲團隊一分子的瞬間，杏仁核就會去理解誰在團隊之中，然後開始追蹤他們。因爲這些人對你而言具有價值。他們從前是陌生人，但是如今卻在你的團隊中，而這改變了一切的運行。這是一種從上到下、強而有力的轉移，是整個激勵與決策系統的完全改變。」

這一切都有助於揭示歸屬感運作方式的矛盾之處。歸屬感讓人感覺像是從內而外地發生，但其實它是從外而內的。當我們的社會腦接收到幾乎難以發現的線索：**我們很親密，我們很安全，我們有共同的未來**，並穩定地積累時，便會感到容光煥發。

這是理解歸屬感如何運作的一種方式：它是必須由安全連結的訊號持續助燃的一道火苗。當賴利・佩吉與傑夫・狄恩參加全公司的挑戰、無所不談的會議以及喧鬧的曲棍球比賽時，他們正是在助燃這道火苗；當強納森保護壞蘋果的團隊不受尼克的負面影響時，他是在助燃這道火苗；當一名陌生人在開口借手機前先爲大雨致歉時，她也是在助燃這道火苗。凝聚力是當一個團隊被安全的連結訊號，給清晰、穩定地照亮時，才會產生的，與團隊成員的聰明與否無關。

這讓我們得以將歸屬感視爲可以了解並控制的過程，而非神祕的命運。探索這個過程的好方法，就是審視三個儘管處於在不利條件下依然能形成歸屬感的情境：第一種與一九一四年冬天在比利時法蘭德斯戰場上的士兵有關；第二種與印度班加羅爾的辦公室員工有關；第三種則是與可稱之爲地球上最糟糕的文化有關。

3 聖誕節的休戰、一小時的實驗與飛彈發射員

聖誕節的休戰

在歷史上所有最艱困、最危險的戰場中，一九一四年冬天的法蘭德斯戰壕戰可能位居榜首。軍事學者們說，這是因爲第一次世界大戰是現代武器與中世紀戰略的歷史交會點。但事實上，原因多半應該歸咎於泥濘。位處海平面之下的法蘭德斯戰壕，是從嚴重浸水的黏滑泥巴中挖掘而來，只要一場暴雨便可以讓戰壕變爲運河。泡水的戰壕冷得悽慘，成了老鼠、跳蚤、疾病和各種瘟疫的理想繁殖場所。

然而，最糟糕的還是這裡離敵人很近。敵軍的據點只在幾百英尺遠，有些據點還

更近（在靠近維米嶺的某處，雙方陣營只相隔七公尺的距離）。手榴彈和大砲成了經常性的威脅，無意間點燃的火柴就會引來狙擊手的子彈。正如當時擲彈兵衛隊中尉、後來的首相哈羅德．麥米倫所說：「你可以尋找好幾英里卻不見人跡。但是埋伏的……似乎有數千人，甚至數十萬人，永無止境地在籌畫對方的新奇死法。他們從不現身，只是朝著對方發射子彈、炸彈、航空魚雷和砲彈。」

在泥濘之下，是協約國與德國人之間歷史悠久的深仇大恨。英國和法國的報紙刊登了德國野蠻人是如何融化無辜受害者以製造肥皂的訛傳；德國學童則是歌頌恩斯特．利騷（Ernst Lissauer）的〈對英國的仇恨之歌〉（Hymn of Hate），對於仇恨的表露也不遜色：

我們將帶著永久的恨意仇恨你們，
永遠不會放下恨意，
恨如山高如水深，
恨你的頭也恨你的手，
恨你的鐵鎚也恨你的王冠，

七千萬人胸中的恨。
我們愛在一起，我們恨在一起，
我們只有一個敵人，只有一個——

英國！

這場戰爭始於八月，歷經數個月，雙方有組織地彼此廝殺，屍體散布在無人地帶的帶刺鐵絲網上。隨著聖誕節將近，遠方的首都出現了爭論暫時停火的聲音。在羅馬的教宗本篤十六世提出要暫時的和平；在華盛頓特區的參議院決議要求戰事休息二十天。雙方的軍事領導者都認爲這個想法不可能實現，並且通知他們的軍隊預期聖誕節可能會有的突襲。他們警告，任何企圖非法休戰的軍人都會遭到軍事審判。

聖誕夜時，發生了一件事。那是沿著戰線，在好幾處獨立發生的即興事件，很難確認確切的發生時間。事情由幾首歌曲開始。有些是聖誕頌歌；有些是軍歌。在大多數的地方，歌唱來來回回持續了好一陣子，雙方鼓掌或是嘲笑彼此的演唱。

然後更奇怪的事發生了：軍人開始爬出他們的戰壕，以友善的方式接近對方。在阿爾芒蒂耶爾小教堂這個小鎮外，英國軍人聽到一名德國軍人用英語大喊：「我是一名中尉！我的生命在你手中，因爲我要爬出戰壕走向你。你們的軍官願意在中途和我碰面嗎？」

步兵珀西．瓊斯將此想成是一場突如其來的襲擊。他之後寫道：

我們開始著手擦拭彈藥與步槍，爲快速行動做好準備。事實上我們在緊要關頭已經準備要發射子彈了……我們聽到話語聲（也許是透過擴音器）：「英國人，英國人，不要開槍。你不開槍，我們也不開槍。」接著有一段關於聖誕節的話。這一切都非常好，但是我們聽過太多德國人背信棄義的故事，所以我們仍保持警覺。

我不知道事情是如何發生的，但是很快地我們的人熄了燈，雙方唱起了彼此的歌曲，中間夾雜幾次巨大的鼓掌聲。從我的崗哨所見的景象簡直令人難以置信。前方有三個大燈，周圍有幾個清晰可見的身影。德國的戰壕……由好幾百盞小燈泡點亮。左方遠處蹲著我們的人，有幾盞燈照著我方A連的戰壕，他們在那裡大唱〈我在西方的灰色小屋〉（My Little Grey House in the West）。最後……薩克遜人大聲歡呼，獻唱了幾首德國歌，還用〈天佑吾王〉的旋律唱起他們的民族歌曲。我們用奧地利詩歌回應，鼓掌聲勢震天價響。

的恐懼；雙方都痛恨冰冷潮溼；雙方都想回家。阿什沃思如此寫道：「敵人之間彼此的同理心因爲在戰壕戰中的鄰近程度而助長，而且因爲對於對方可能採取的行動的臆測受到後續事件確認而強化。甚至，透過了解戰壕戰敵營的『鄰人』，每位對手都明白其他人也承受了同樣的壓力、以同樣的方式回應，因此與自己沒有什麼不同。」

小型休戰在十一月初開始。英國人與德國人有在同樣時間運送補給品的習慣。當軍隊吃東西的時候，槍戰就會停下。第二天，同樣的事情會在同樣準確的時間發生。隔天也是。再隔一天也是。小型休戰從用餐時間擴及其他的行爲。當大雨讓行動變得艱難時，雙方會停止開槍。在某些地區的寒冷夜晚，雙方軍隊會冒險往前搜集乾草鋪床，於是雙方就會停火，以能和平地行動。有默契的停火擴大到補給線（禁區）、茅坑（相同的）以及戰火後蒐集傷亡者的行動。

這些互動聽起來不經意，但是事實上，每一個行動都涉及明確無誤的情緒交流。一方停止射擊，讓自己沒有掩蔽。另一方察覺到對方暴露自己，但無所作爲。每一次發生時，雙方都感受到放鬆以及對於安全的連結——**他們看見我了**——的感激。

這份連結持續增長。一些地區的特定範圍被指定爲狙擊手射擊的範圍之外並插上白旗。一個英國砲兵部隊曾表示，德國陣營一位「令人喜愛的狙擊手」會在每晚九點十五分送出他的「晚安吻」，然後直到隔天早上都不再開槍。在另一個地區，一名英國機槍手會以一首叫做〈警察的假日〉的流行歌有節奏地射擊，而他的德國對手會以副歌回應。戰壕變成了歸屬感線索的培養皿。每一個線索本身並沒有很大的影響力。但是整體一起，日復一日，合力打造出深切連結的舞台環境。

對軍人來說，可能會見到這些連結的強化。十一月底的一場激戰之後，第二蘇格蘭衛隊上尉愛德華·赫爾斯描寫了即興發生的同理時刻：

> 襲擊後的早晨，雙方幾乎是有默契地停火。早上六點十五分左右，我看到八、九個德國軍人冒出頭，然後三人爬出他們前方的矮護牆幾英尺，拖走我方死亡或失去意識的伙伴……
>
> 我下令手下不得開槍，而且似乎整條戰線都沒有開槍。我自己幫助了其中一人，一直沒有人開槍。

這起事件似乎影響了赫爾斯。幾週後，他在占領線後方的據點想出了一個計畫。他寫道：

> 我們明天回到戰壕，聖誕節那天應該也會在那裡。德國人或非德國人……我們要傾巢而出，包括讓整個營隊都能吃到李子布丁。我有一小批優秀人馬，由我宏亮的聲音帶領，從晚上十點開始，要在最靠近敵人約八十碼的戰壕中，帶給敵人能想到的所有歌曲，從聖誕頌歌到出征情歌……我的同袍們很喜歡這個想法，時間到時，將會大聲唱出。我們的目的是要蓋過現在我們每晚在戰壕中聽到耳朵都要長繭的〈德意志之歌〉以及〈守衛萊茵河〉這些令人緊張的歌曲。

德國人也用自己的歌曲回應。有些聽來熟悉，而拉丁語的歌曲則是一樣的。從心理的層面來看，這些歌曲代表雙方互相理解，他們共享迸發而出的信任與認同。

赫爾斯走出來與他的德國軍官對手碰面。德國人幫助英國人埋葬死者，這位德國軍官將一名一週前死亡並掉入德方戰壕的英國上尉的勳章與幾封信件交給赫爾斯。赫爾斯情緒激動，取下了自己的絲巾遞給那位德國人。他之後寫道：「我十分震驚，如果我是在影片中看到，一定會說那是假的！」

在幾英里之外的普魯赫斯特森林附近，約翰·佛格森下士蹲在他的戰壕裡，試圖弄明白發生了什麼事情。他之後寫道：

我們來回大聲地喊叫，直到老弗里茲（德國軍官）爬出戰壕，我在隊裡其他三人的陪同下走出去與他碰面……「打燈。」他大聲說。我們靠近時，見到他手裡拿著閃光燈，裡裡外外照著引導我們。

我們握了手，祝福彼此聖誕快樂，並且很快地聊了起來，猶如我們已經認識多年。我們在他們鐵絲網前被德國人圍著。我和弗里茲在中間，弗里茲偶爾會對他的友人翻譯我說的內容。我們像是街頭演說家那樣站在圈圈裡……他們無法以言語表達意思時，就用手語來讓我們了解，而每個人似乎都很能理解。我們和幾小時前試圖要殺戮的人們笑著聊著。

赫爾斯和佛格森就像許多其他人一樣感到震驚。但那其實不是震驚。當英國人和德國人走出來站在場上時，他們早已交談過好長一段時間了，雙方遞送出點亮他們杏仁核的歸屬感線索，傳達出一個很簡單的訊息：**我們是一樣的。我們是安全的。如果你走到中間，我也會走到中間**。於是他們如此做了。*

一小時的實驗

如果必須挑選一個與法蘭德斯戰壕相反的環境，你可能會選上位於印度班加羅爾的威普羅（WIPRO）電話服務中心。威普羅組織良好，效率高超，是電話服務中心的成功典範。他們的日常工作，跟世界各地的電話服務中心並無二致：客戶打電話進來，抱怨設備或服務方面的問題，威普羅的人員則會試著處理。威普羅幾乎在任何方面都是很好的工作場所。它提供很不錯的薪資，並擁有高品質的設備。這家公司善待員工、提供良好的食物、交通與社交活動。但是在二〇〇〇年代末期，威普羅面臨不斷出現的問題：該公司員工陸續出走，每年離開的比例高達五十至七十％。離職的員工有些只是單純因爲年紀輕或是想另謀出路，有些則是基於不太好說出口的原因。但

＊這個故事的結局比較沒有那麼鼓舞人心，但仍同樣值得一看。雙方將軍在聽聞休戰後，輕輕鬆鬆地便中止了這種情形。他們下令襲擊、輪替軍隊，使兄弟情誼不再有發展的機會，並迅速地破壞了以遞增方式建立起來的歸屬感基礎。於是接下來的聖誕節，雙方如常打仗。

說到底，他們都欠缺對團隊的強烈連結。

威普羅的領導者起初試著透過增加誘因來解決問題。他們提高薪資、增加津貼，還吹捧自己給的獎金是印度雇主中數一數二的。這些措施都很合理，卻沒有一項有幫助。員工持續離職，比例沒有下降的跡象。二〇一〇年秋天，在研究人員布萊德利．史泰茲、法蘭西斯可．季諾與丹尼爾．卡柏的協助下，該公司決定進行一個小實驗。

這個實驗是這樣的：將數百位新雇用的員工分成兩組，再加上一個對照組。第一組除了接受標準的訓練外，還要額外撥出一小時，專注在對威普羅的認同訓練上。他們會知道公司的成功事蹟、見到公司的明星員工，並且還要回答自己對威普羅的初次印象。這一小時結束後，他們會收到繡上公司名稱的運動衫。

第二組除了接受標準的訓練外，也要額外撥出一小時，但他們的訓練卻是專注在員工身上。這些受訓者會被問到如：「**你有哪些特點，能讓你在工作中過得最快樂、表現得最好？**」這類的問題。他們還要做一項簡短的活動：想像自己迷失在海上，並且思考自己有哪些特殊技能可以拿來運用。這一小時結束後，他們會獲得繡上他們名字與公司名稱的運動衫。

史泰茲並沒有期待這項實驗會有多大意義。在電話服務中心的世界裡，員工的高流動率是司空見慣的事，而威普羅的人員流動率也和業界平均值大致相同。而且，史泰茲並不太相信那一個小時的介入會有長期的影響。他當過工程師，職業生涯的前五年是在高盛公司擔任分析師，他並非不切實際的學界人士，他知道在真實世界中事情是如何運作的。

史泰茲說：「我很確定，就算我們的實驗會有效果，也只會有很小一點影響。我用理性、交易性、資訊性的方式，來看待入職培訓的過程。你在進公司的第一天開始新的工作，簡單學習該怎麼做事、該怎麼行動，事情就是這樣。」

七個月之後，研究數據出爐了，這讓史泰茲感到「十分震驚」（他自己的說法）：第二組受訓者想繼續留在威普羅的比例，比第一組受訓者高出二百五十％，比對照組高出一百五十七％。那一小時的訓練讓第二組員工和公司之間的關係產生了變化。他們從不做許諾到深度連結。爲什麼呢？

答案就是歸屬感線索。第一組受訓者沒有收到讓他們與威普羅之間的距離得以減少的訊號。他們收到大量關於威普羅與明星員工的資訊，還有很好的公司運動衫，但是沒有改變這道重要的距離。

相反地，第二組受訓者穩定收到個人化、著眼於未來以及啓動杏仁核的歸屬感線索。這些訊號都很微小——一個關於他們最佳表現的個人問題、一項顯露個人技能的活動、一件繡有他們名字的運動衫，也沒有花費很多時間傳遞，卻帶來很大的改變，因爲它們創造了心理上的安全感，打造了連結與認同。

「我的舊有想法是錯的。」史泰茲說，「結果顯示，當我們開心地成爲團隊的一分子時，當在打造一個讓我們更能成爲我們自己的眞正組織時，效益是非常廣大的。而所有益處都是從最初的互動衍生而來。」

我與參加這項實驗的早期受訓者迪利浦．庫馬談過。我原先期待他會分享受訓時期的鮮明回憶，但是當我和庫馬聊起那次培訓，他就像傑夫．狄恩被問到修改關鍵字廣告引擎時一樣：他的歸屬感強烈到他根本忘了曾經有過那次實驗。「老實說，我不太記得那天的情況了，但是我記得我有受到激勵。」庫馬說道。接著他笑說：「我猜一定有用的吧，因爲我還待在這裡，而且我眞的很喜歡這裡。」

歸屬感的反例：飛彈發射員

雖然花時間了解成功的文化很有用，但是到另一邊檢視失敗的文化也同樣有用。最有啓發性的，莫過於那些持續失敗到近乎完美的團隊。我們要來看的是義勇兵（Minuteman）飛彈發射員的故事。

義勇兵飛彈發射員約有七百五十位成員，負責核彈發射的相關事宜。他們駐軍在懷俄明、蒙大拿與北達科他州，訓練有素，負責操控地球上最爲強大的武器——四百五十枚義勇兵三型洲際彈道飛彈。這些飛彈高六十英尺，重八萬英磅，而且每小時可以飛行一萬五千英里，在三十分鐘內到達世界上任何一個地點，每一顆飛彈的威力都比襲擊廣島的核彈超出二十倍以上。

這些飛彈是美國空軍四星上將柯蒂斯．李梅，在一九四〇年代末期所計畫的系統的其中一部分。這位傳奇人物的使命，是要將美國核子武力打造成一部完美運作的機器。李梅寫道：「每一個人都是聯結器或管道；每一個組織都是電晶體的防壁、電容器的電池。一切都擦拭光亮，毫無腐蝕。保持戒備。」《生活》雜誌稱李梅是「西方世界最嚴格的警察」。李梅有無限大的自信。他有一次帶著點著的雪茄走進一架轟炸機，一名隊員警告他這樣可能會引發爆炸，李梅只回說：「它不敢的。」

李梅的系統有效運作了數十年。但是近年來失敗的頻率愈來愈高：

．二〇〇七年八月：北達科他州的邁諾特空軍基地的工作人員，誤將六枚掛有核子彈頭的巡弋飛彈安裝到B-52轟炸機上，載到路易斯安那州的巴克斯戴爾空軍基地，並且讓它們在無人看守的情況下，在飛機跑道上放置好幾個小時。

．二〇〇七年十二月：邁諾特空軍基地飛彈發射人員沒有通過後續的檢查。根據檢測人員的紀錄，在訪視時，有些邁諾特基地的安全人員正在玩手機上的遊戲。

．二〇〇八年：美國五角大廈報告，空軍在核子任務的使命中出現了「重大且令人無法接受的衰退」。一名國防部官員被引述說道：「這讓我感到毛骨悚然。」

．二〇〇九年：載著三十噸堅實火箭推進器的聯結車衝出路面，推進器在邁諾特空軍基地附近的溝渠中被發現。

．二〇一二年：一項由聯邦贊助的研究顯示，飛彈發射員中有高度倦怠、沮喪、煩惱與家暴的情形。研究還顯示，軍事法庭中出現飛彈發射員的比例，比其他空軍部門高出兩倍之多。一名飛彈發射員告訴研究人員說：「我們不在乎事情是否進展順利，不要惹禍上身就好。」

・二〇一三年：邁諾特空軍基地的飛彈發射員收到「邊緣化」的評分，這是相當於D的分數，而十一名人員中有三名被評爲「不合格」。十九位軍官被免除飛彈發射員的職位，並被強制重新參加技能測驗。核武指揮官詹姆斯・科瓦斯基中將表示，對美國來說最大的核子威脅「是意外。而對我的部隊來說，最大的風險則是做出傻事」。

・二〇一四年：義勇兵維修人員在發射井造成了一場與核彈相關的意外。

每次一有失敗發生，指揮官便以懲治的方式回應。即如科瓦斯基將軍所言：「這不是訓練的問題。那裡的某些人有紀律上的痲煩。」在二〇一三年一連串的事件發生之後，傑・佛茲中校寫信給邁諾特基地的戰鬥人員，說他們已經「墮落……該是整頓我們自己的時候了」，還敘述「機組人員腐敗」，以及「嚴懲破壞規定者」的必要。佛茲寫道：「我們必須『重開機』，重新組織工作人員，讓你們離開舒適圈（這是個腐敗的舒適圈），從頭開始。關掉電視，努力充實技能……你們最好每年都拿出最佳表現。你們必須立即爲任何評量、測試、訪視與檢定做好準備。以前的學術環境已經過去了（或者說，我們拿著銀盤遞東西給你，以為那就是我們應該照顧工作人員的情形已經過去了）……若是讓我知道任何軍官說資深軍官的壞話，或批評我們嘗試建立的新文化，後果自負！」

從長遠來看，這像是一個鏗鏘有力、全力以赴、強硬迎接挑戰的回應。問題是，沒有一項有用，錯誤繼續發生。在佛茲發表聲明的幾個月後，負責監督國家洲際導彈的邁可．凱瑞少將，就因爲在前往莫斯科執行官方任務時的不良行爲而遭到革職。*沒過多久，在蒙大拿州的瑪姆斯特羅姆空軍基地的一份調查中，指控兩名飛彈發射員非法擁有、使用並且散布古柯鹼、搖頭丸與迷幻藥。當調查人員檢視被控訴軍官的手機時，他們發現一個用來在能力測試中作弊的複雜系統，因而另外牽扯出三十四名飛彈發射員，外加六名對此作弊系統知情不報的人員。

所有人都同意飛彈發射員的文化已經毀壞。但更深層的問題是：爲什麼？如果你將文化想成是團隊個性，也就是它DNA的延伸，你會認爲飛彈發射員懶惰、自私與缺乏志氣。這讓空軍的領導階層試圖採取強硬的補救措施，而他們的失敗只會讓你更加肯定原先的假設：飛彈發射員懶散、不專業而且自私。

然而，如果我們透過歸屬感線索的角度來看飛彈發射員的文化，情況就不同了。

歸屬感線索與個性或紀律無關，而是關乎打造一個能回應基本問題的環境：**我們連結在一起嗎？我們共享未來嗎？我們安全嗎？**我們一個個來加以檢視。

我們連結在一起嗎？很難設想出比飛彈發射員所身處的環境更不真實、更不具社會性、更少情緒連結的了，他們兩兩成對，一天二十四小時都在僅配有艾森豪時代老舊科技的發射井中輪班，既寒冷又狹窄。「這些東西已經持續存在幾十年了，」一名飛彈人員告訴我，「雖然有在清理，但並非真的很乾淨。排水管道腐蝕，石棉纖維到處都是。大家都很討厭這裡。」

我們有共享的未來嗎？當發射井建造的時候，飛彈發射員身爲空軍中的先鋒，是美國國防非常重要的關鍵成員；他們真的有可能從總統那裡收到發射核彈的命令。飛

---

*關於凱瑞的不良行為，在長達四十二頁的空軍軍方報導的節錄是這樣的：「（凱瑞）喝醉了，在公開場合（蘇黎世機場）大聲談論他身為世界上唯一可操作核子武力的指揮官的重要性，以及說他每天都在拯救世界。」他在莫斯科大量買醉，並在參觀修道院的途中企圖毆打他的俄國導遊。他不停打斷主人的致詞並自己開始演講。他在他稱為「兩名辣妹」的陪伴下，前往一個叫做坎提納的酒吧。根據這份報告，他持續要求樂團讓他上台和他們一起唱歌、彈吉他。報告中寫著：「樂團沒有允許凱瑞少將和他們一起演奏。」

彈發射員這個身分，可說是讓他們未來晉升至太空司令部、作戰指揮部或其他部門的墊腳石，但是冷戰的結束改變了他們的未來。他們爲了再也不存在的任務接受訓練。可想而知，在飛彈這方面的職業前景可說是全然式微或是衰落了。

「這是個不祥的預兆。」曾經擔任飛彈發射員，如今是普林斯頓大學科學與全球安全計畫專案研究人員的布魯斯．布萊爾說道，「沒有人想要待在飛彈這一行。這裡沒有升遷的機會。你不會因爲從事這一行而晉升爲將軍。更有甚者，指揮部還將一些交叉訓練的軍事選擇方案，從核武改爲其他領域。這傳遞出的訊息是：你們這些人要困在這個不合時宜的玩具島上了。」

另一位飛彈人員告訴我：「頭幾個月還蠻令人興奮的，但是熱情很快就消失了。你不斷地一再重複同樣的事。你心裡明白，這裡不會有什麼改變了，永遠都不會。」

我們安全嗎？對飛彈發射員而言，最大的風險不是飛彈本身，而是他們在熟練程度、專業能力與核武準備上持續被要求的測試。這些測試每一項都要近乎完美，而且每一項都可能擊垮他們的職涯。飛彈發射員如果不在這些測試的特定項目拿到滿分，就等於是失敗。

「檢驗清單冗長、繁瑣得不可理喻，又異常得死板與嚴格，一點都不人性。」布萊爾說，「你不是完美就是零分。結果就是，當你離開當局的注意，和另一人走去位於遠處的地下發射控制中心，關上身後那扇重達八噸的防爆門時，所有的要求標準不復存在，你開始走捷徑。」

就如同一名飛彈發射員所說的：「每一次行動有了偏差，都被當成是違反了總統的發射命令。若是犯下了重大錯誤，你就完了，你就成了倒霉鬼。沒有表現優秀這回事，你不是做對，不然就是被處罰。如果你承認錯誤或要求協助，你就毀了自己的名聲。身邊所有人都像是被嚇壞了的小狗一樣，會有同樣的反應。一旦壞事發生，大家就咆哮怒吼，然後上面就進行評量，這讓所有人的士氣更加低落，感到更爲疲倦，於是就接連犯下更多的錯。」

這一切加總在一起，就成了一場經過完美設計的反歸屬感線索風暴，所到之處沒有連結感、沒有未來，也沒有安全感。如此看來，飛彈發射員的文化並非是缺乏內部紀律與風骨的結果，而是因爲讓凝聚力崩損的環境所致。確實，與我交談的前任飛彈發射員都是聰敏、健談、思慮周全的人，他們在離開已毀壞的職業文化之後，似乎都已找到成功而且有成就的人生。這個變化不是來自於他們的個性，而是由於他們先前的文化缺乏安全感與歸屬感。

將飛彈發射員失效的文化，與在核子潛艇中工作的海軍人員文化做個對比，將會很有幫助。乍看之下，兩個團隊大略相似：雙方都長時間與社會隔離，雙方都需要記憶與執行繁瑣的程序，雙方在一開始也都是爲了在冷戰時期達成核武威懾的任務而接受訓練——而這個時期也已經是過去式了。然而雙方的不同之處在於，各自環境中歸屬感線索的密度。潛艇航行人員的身體接觸相當親近，他們參與各式各樣的活動（包括核武威懾之外的全球性巡邏），在海軍中的前途也是大有可爲。也許是因爲如此，核子潛艇的海軍人員得以不受飛彈發射員的那些問題所困擾，而且還在很多案例中發展出高績效的文化。

到目前爲止，我們都在探索創造歸屬感的過程。現在我們要將這個過程應用到現實世界的眞實問題中。我們要來檢視兩位領導者，他們在各自的團隊中使用截然不同的方法，但都同樣有效地打造出團隊的歸屬感。第一位是帶我們近距離觀看打造關係技巧的籃球教練；另一位是零售界的億萬富翁，他會說明他是如何透過系統與設計來打造高度的歸屬感。

4 打造歸屬感：關係建立者波波維奇

不久之前，一位叫做尼爾．佩因的作家決心找出誰是NBA最好的教練。佩因想出了一套運算方式，他使用球員的表現指標來預測一支隊伍會贏得多少比賽。他爲一九七九年以來的每一位NBA教練進行運算，以測量出「預期之外的得分」——也就是以球員的技巧，計算出該教練的隊伍贏得原本沒有預期會勝出的比賽的次數。然後他將結果製成圖表。

在大多數情況下，佩因的圖表看起來具有規律與可預測性。有鑑於球員的個人能力，大多數教練大致都贏得了他們應該贏下的比賽，只除了一位：聖安東尼奧馬刺隊總教練格雷格．波波維奇，他獨自屹立在圖表的遠方，彷彿那是專屬他的區域。在他的帶領下，馬刺隊比他們原本預期能勝出的比賽還多贏了一百一十七場，這個比例較次於波波維奇的教練還高出了兩倍。這便是馬刺隊能夠在過去二十年間，成爲美國運動界最成功團隊的原因，他們拿下五次總冠軍，贏球率還高於NFL常勝軍新英格蘭愛國者隊、MLB聖路易紅雀隊或是任何有名的球隊。佩因的圖表名即是「格雷格・波波維奇之不可思議」。

不難想像波波維奇的團隊如何贏球，因爲在球場上的證據顯而易見。馬刺隊不斷進行無數次無私的小行爲——額外傳球、戒備防守、持續爭搶球——將團隊的利益置於個人之上。*勒布朗・詹姆斯說：「就是無私。他們移動、切入、傳球，投球、得分，一切都是爲了團隊，而不是個人。」當時還在華盛頓巫師隊的中鋒馬爾欽・戈塔說，和馬刺隊對打「就像是在聽莫札特的音樂」。很難理解波波維奇是如何做到的。

六十八歲的波波維奇是個強悍、老派，說起話來理直氣壯的權威教練。他的剛毅個性出自美國空軍軍官學校，視紀律重於一切。他的性情經常被比喻爲壞脾氣的鬥牛犬，他的脾氣也被描述爲「和火山一樣」，而大量的岩漿集中流淌到明星球員身上。他一些令人難忘的爆發時刻，都可以在Youtube上找到，標題諸如：「波波維奇怒吼並摧毀了提亞哥・斯普利特」「波波維奇叫丹尼・格林閉嘴」，還有「波波維奇怒斥東尼．帕克」等。總之，他就像一個謎：一位易怒、高度要求的教練，如何打造出運動界裡最有凝聚力的團隊？

常見的答案是：馬刺隊很擅長招募與開發出無私、努力，以團隊爲主的球員。這是一個很有力的解釋，因爲馬刺隊確實齊心協力地選擇高品格的人（他們的球探表單中，有一個「非馬刺人」的勾選項目。如果這個項目被打勾，就代表無論該球員天賦有多高，都不會被馬刺隊選上）。

但是如果我們近距離檢視這項解釋，便會發現不合理的地方。還有很多NBA的球隊都在辨識、選擇與開發以團隊爲主、品格又好的球員。除此之外，有很多馬刺隊球員並不符合鷹級童軍一般的高標準。例如伯利斯．迪奧在爲夏洛特山貓隊打球時，

＊在你考慮到NBA中自私自利是受到鼓勵的時候，這一點更加令人印象深刻。二〇一三年，研究人員艾瑞克．烏爾曼與克里斯多夫．巴恩斯分析了九季的NBA賽事，比較球員在例行賽與季後賽中的行為。他們發現，季後賽中的球員，每一次投籃得分都會得到兩萬兩千零四十四．五五美元的額外收入，傳球給隊友投籃得分的則會失去六千一百一十六．六九美元。也就是說，傳球給隊友投籃得分，等於是為他奉上了兩萬八千一百六十一．二四美元。

被批評爲懶惰、愛開派對而且又過重；帕蒂・米爾斯據稱因爲假造腿筋的傷勢而被中國隊伍釋出；丹尼・格林則是被克里夫蘭騎士隊裁掉，部分原因是他在隊伍裡的防守鬆散。

所以馬刺隊的成功，並不只是因爲他們選到了無私的球員，或是逼球員做到如此無私的表現。有件事情讓馬刺隊的球員在穿上銀黑球衣時會做出無私的表現，即使是那些曾在其他球隊自私過的球員也不例外。問題是：這件事情是什麼？

二〇一四年四月四日早上，馬刺隊的練習場內氣氛緊繃。前一晚在例行賽最重要的一場賽事中，馬刺隊遭到強勁的對手奧克拉荷馬雷霆隊以一〇六：九十四痛擊。然而輸球事小，球員們在比賽中的態度才是問題。比賽一開始馬刺隊令人看好，以二十：九領先雷霆。接著馬刺發生一連串的失誤，其中幾次都是後衛馬可・貝里納利造成的。季後賽就要開始了，像這場比賽這樣的失敗，正是馬刺隊一直想要避免的情況。現在練習即將開始，空氣中瀰漫著一股緊張的氣氛，讓人感到不安。

波波維奇走了進來。他穿著一件從緬因州埃爾斯沃斯市一家當地餐館取得的醜陋T恤，和一件尺碼有點大的短褲。他的頭髮既少又捲，手裡還拿著盛有水果與塑膠叉子的紙盤，臉上撇嘴一笑。他看起來不像是個嚴格的指揮官，倒像是野餐會上不修邊幅的大叔。然後他放下紙盤子，在運動場中四處走動，和球員說話。他碰觸球員的手肘、肩膀、手臂，用幾種語言交談（當時馬刺隊裡有來自七個國家的球員）。他笑出聲來。他的眼神明亮、聰慧、有活力。當他走近貝里納利時，嘴巴笑得更開了。他們交談了一下，貝里納利開玩笑地回嘴時，兩人還小小地假摔角了一場。這是個奇怪的景象：一位六十八歲的白髮老教練和一位六尺五吋高的鬈髮義大利人在場中摔角。

「我確定那是事先預想好的。」和波波維奇一起工作長達二十年的馬刺隊總管R·C·布福德說，「他想要確定貝里納利沒事。那是波波維奇處理每段關係的方式。他為球員補充能量。」

當波波維奇想要和球員有連結時，他會靠得近到幾乎要碰到對方的鼻子；那就像是一個親近度的挑戰賽。場中的暖身運動繼續著，波波維奇也繼續環視，進行連結。一名前任球員走上前來，波波維奇對他展現笑容，他的臉龐因露齒一笑而閃閃發亮。他們交談了五分鐘，聊到生活、孩子還有隊員。兩人分開時，波波維奇對他說：「愛你喔，兄弟。」

「很多教練都會罵人或是當個好人，但是波波做的事情不一樣。」馬刺隊助理教練奇普．英格蘭如此說道，「他不斷地傳達兩件事：他告訴你事實，不說廢話；然後他愛死你了。」

波波維奇和隊上的明星球員提姆．鄧肯之間的關係，就是個最好的例子。一九九七年，馬刺隊在首輪選秀選中鄧肯之前，波波維奇曾飛到美屬維京群島聖克羅伊島的鄧肯家裡，與這位大學明星會面。他們不只是碰面而已，還花了四天一起在島上旅遊、拜訪鄧肯的親友、在海裡游泳，在籃球的話題外兩人還無所不談。這不是一般教練與球員會做的事情；大部分的教練與球員會簡短、惜字如金地交流。但是波波維奇想要連結，他想挖掘鄧肯是否夠強悍、無私、謙虛又能融入隊伍。鄧肯與波波維奇建立起有如父子一般的關係，是一種足以作爲其他球員典範的高度信任、不說廢話的連結關係，尤其是當波波維奇大聲說出事實的時候。不只一位馬刺球員說過，如果鄧肯可以接受波波的指導，他又怎麼會不能接受？

幾分鐘前，馬刺全隊聚集在視聽室，檢討在奧克拉荷馬的那場比賽。他們帶著惶恐不安的心情坐了下來，期待波波維奇會細數他們前一晚的過錯，告訴他們哪裡做得不好以及哪裡應該改進。但是波波維奇按下播放鍵時，螢幕上出現的卻是CNN爲了《選舉法案》五十週年所製作的紀錄片。球員安靜地觀看影片訴說的故事：馬丁．路德・金恩、林登・詹森以及塞爾瑪遊行。影片結束時，波波維奇提出問題——他總是會提問，而且那些問題都一樣個人、直接、專注在大格局上：**你怎麼看這件事？你在那個情況下會怎麼做？**

球員們思考、回答、點頭，視聽室變得像是進行座談與交談的場所。他們彼此對話。馬刺隊的球員對此並不會感到訝異，因爲這種事情經常發生。波波維奇會提出諸如敘利亞戰爭、阿根廷政府的改變、同志婚姻、制度上的種族歧視以及恐怖主義等話題。問題本身不重要，重要的是他要傳達出的訊息：有比籃球格局更大的事情讓我們連結在一起。*

R・C・布福德說：「專業運動員很容易會自我隔絕於社會之外，波波利用這些時刻將我們連結起來。他很喜歡我們有來自這麼多不同國家的球員。這件事原本應該

---

* 儘管波波維奇刻意不使用科技，他還是能建立這些連結；或許正因為如此，他反而更能做到。他不使用電腦，而是由他的助理為他印出電子郵件。去年他的員工勸他買了一台 iPhone 來接收簡訊，他卻連一則簡訊都沒有送出。他所有的溝通都是親自、近距離進行的。

讓我們距離遙遠，但是他確保每個人都感覺彼此相連，而且關注到更大的事情上。」

「抱抱他們、擁抱他們。」這是波波經常對他的助理教練說的話。「我們必須抱抱他們、擁抱他們。」

這份連結感大多發生在晚餐桌上，因為波波維奇執著於美食與葡萄酒。他的執著可以從很多方面看得出來：他家酒窖的大小、他是奧勒岡酒莊的合夥持有者，以及他辦公室的電視裡經常播放的美食節目。但是從他以美食與美酒作為他與球員之間的橋梁這件事，你多半就能看得出他的執著。

「美食與美酒不僅僅是美食與美酒，」布福德說，「那是他用來打造與支持一份連結的載具。波波真的很用心在經營一份關係。」

馬刺隊球員一起用餐，大概跟他們一起打籃球一樣頻繁。首先是團隊晚餐，這是球員例行的聚會；還有小型的球隊晚餐，這是幾位球員的聚會；另外還有在客場作戰時，比賽前每天晚上都會舉辦的教練晚餐。波波維奇規畫這些聚會、挑選餐廳，有時一晚還會探索兩家餐廳（球隊成員笑說：這份工作要求食欲過盛的人）。這些可不是讓人吃了就置之腦後的餐飲。每位教練在每個賽季結束時，都會獲得一本皮革精裝的紀念冊，裡面載有每一場餐宴的菜單與酒單。

「你可能坐在飛機裡，突然間有本雜誌放到你的大腿上，你抬頭一看發現是波波。」馬刺隊前助理教練、現任布魯克林籃網隊總管西恩．馬克斯說，「他已經圈出一些關於你家鄉的文章，想知道那些內容是否正確，他也想知道你喜歡去哪裡用餐、喜歡什麼樣的葡萄酒。然後他很快就會建議一些你應該前去光顧的地方，還會幫你和你太太或女朋友訂位。你去用餐之後，他會想知道全部的事情，你喝了什麼酒、點了什麼菜；然後又推薦你其他餐廳。事情就是這樣開始的。永不停止。」

對於高度成功文化的一項錯誤觀念，就是以為它們都是開心、快樂的場所。事實上大多並非如此。這些文化都有活力而且需要付出精力，但其核心本質不在於追求快樂，而在於共同解決困難的問題。

當團隊現況與其應該要達到的目標有落差時，要解決困難就需要有更多誠實的回饋，即便會令人感到不舒服也需要說出眞相。賴利．佩吉在Google廚房中貼上「這些廣告遜斃了」的便條紙時，創造出了這樣的時刻。波波維奇每天通常是以高分貝的音量，向他的球員遞送出這樣的回饋。但是波波維奇與其他的領導者，是如何給予強悍又眞實的回饋，卻不會引起對方的異議與失落呢？最好的回饋又是什麼樣的呢？

幾年前，有一組來自史丹佛、耶魯與哥倫比亞大學的心理學家，他們讓中學生撰寫短文，之後再讓老師針對這些短文給予不同的回饋。研究人員發現，其中有一種獨特的回饋形式，能夠深深激勵學生的努力與表現，他們將稱其為「神奇的回饋」。收到這種回饋的學生，比收到其他回饋的學生更願意修改他們的報告，表現也有大幅度的成長。這項回饋並不複雜。事實上，它只以一個簡單的句子構成。

我給出這樣的評語，是因為我對你有很高的期待，而且我知道你做得到。

就這樣而已。只有這幾個字。沒有一個字眼包含了如何改進的訊息。但是這些文字卻很有力量，因為它們傳遞了一連串的歸屬感線索。事實上，當你仔細閱讀這個句子，會發現它包含了三個線索：

①你是團隊的一分子。
②這個團隊很特別；我們擁有高標準。
③我相信你可以達到這些高標準。

這些訊號所提供的清楚訊息，點亮我們無意識的大腦：這裡是可以讓你付出努力的安全場所。這也讓我們明白，波波維奇的方法之所以會有其效果的原因。波波維奇的溝通由三種類型的歸屬感線索構成：

①個人、親近的連結（他的肢體語言、注意力以及行爲舉止，能被理解爲**我關心你**）。
②表現上的回饋（他的持續指導與批評，能被理解爲我們擁有高標準）。
③宏觀的視野（他在政治、歷史與美食方面格局較大的對話，能被理解爲**生活大於籃球**）。

波波維奇繫牢這三項訊息，如同有技巧的電影導演運用攝影機一般地與他的團隊產生連結。首先，他拉近鏡頭、放大景象，創造出個人化的連結；接著他把距離稍微拉遠，讓球員看見自己表現的眞相；然後他成功地向團隊展現他們交流的場所具有更大的格局。三者一起創造出神奇回饋的穩定訊息。每一次晚餐、每一次的手肘碰觸、每一次即興的政治與歷史座談，最後加總起來建立了對這段關係的描述：**你是這個團隊的一分子；這個團隊很特別；我相信你可以達到那些標準**。換句話說，波波維奇的大聲咆哮會產生作用的一部分原因是：那不只是大聲咆哮而已，它是與其他確認與強化關係結構的線索一起被送出的。

當你問馬刺隊球員，哪個時刻讓他們感受到最棒的團隊凝聚力時，很多人會給出同樣奇怪的答案。他們提到的不是球隊贏球的時候，而是在他們遭受了最痛苦的失落的那個晚上。

那是在二〇一三年六月十八日的邁阿密。馬刺隊已經以三：二領先原本的大熱門邁阿密熱火隊，準備要贏得他們第五次的NBA總冠軍。馬刺隊在比賽中自信滿滿，甚至已經計畫好，賽後要在他們最喜歡的伊爾加比亞諾餐廳的大型私人包廂裡舉辦慶功宴。

第六場比賽從跳球開始，氣氛就顯得緊繃，數度互換領先。第四節快結束時，馬刺隊戲劇性地打了一波八：〇的攻勢，使比數來到九十四：八十九，馬刺隊領先。時間只剩下二十八．二秒。熱火隊的球員沮喪不已，邁阿密的主場球迷陷入一片死寂。

冠軍誰屬似乎已經底定。根據獲勝的概率統計，馬刺隊在那個時間點的得勝機率是六十六：一。球場邊的保全人員已經開始聚集，手裡拿著繩索，要爲之後的慶祝拉起警戒線。服務人員在馬刺隊的更衣室裡都放好了冰鎮在冰桶裡的香檳，衣物櫃上都蓋上了塑膠布。

接著災難開始了。

勒布朗．詹姆斯長射不進，熱火隊搶到籃板球後，詹姆斯投中一記三分球，讓比數來到九十四：九十二。馬刺隊被犯規後，關鍵罰球只罰二中一，讓他們在最後十九秒僅保有三分領先。熱火隊只有一次進攻的機會能夠取得平手。馬刺隊的防守更加逼近，壓迫熱火隊，逼使詹姆斯在三分線外一段距離就出手，結果偏差了許多。球從籃框彈出來的那一瞬間，比賽似乎要結束了。但此時熱火隊的克里斯．波許搶下了籃板球，傳給在底線角落的射手雷．艾倫。艾倫倒退幾步，投進一記一箭穿心的三分球——比賽平手。進入延長賽後，重新注滿活力的熱火隊控制住局面，最後以一〇三：一〇〇拿下了比賽。馬刺隊的勝利原本近在眼前，如今卻遭到NBA史上最令人心碎的挫敗。

馬刺隊球員處於震驚之中。東尼．帕克頭上蓋著毛巾，坐著哭泣。「我從沒見過我們球隊這麼傷心。」帕克之後說道。提姆．鄧肯躺在地上無法動彈。馬努．吉諾比利無法面對任何人。當時還是馬刺隊助理教練的西恩．馬克斯說：「好像死了一般，我們十分沮喪。」

球員與教練很自然地認爲球隊會取消在伊爾加比亞諾餐廳的聚會，回到旅館重新振作。但是波波維奇有不同的計畫。當時的助理教練布萊特．布朗之後告訴記者說：「波波的反應是：『家人們！大家直接去餐廳！』」

波波維奇在球隊成員出發前，就已經和西恩．馬克斯搭同一部車前往餐廳。當他們到達空蕩蕩的餐廳時，波波維奇開始布置會場。他移動餐桌——他想要球員在中間與教練們緊密地在一起，外圍由家人們圍繞。他開始點前菜，選擇他知道他的球員們會喜歡的餐點。他選好了葡萄酒並讓侍者開瓶。然後他坐了下來。

「我從沒見過他露出這麼悲傷的表情，」馬克思回憶道，「他坐在椅子上一言不發，仍然感到很難過。然後，我知道這聽起來很奇怪，但是你會注意到他改變與恢復了。他啜飲一口酒，然後深呼吸。你可以看得出他克服了情緒並且專注在球隊的需求上。就在那個時候，巴士到了。」

波波維奇站起來迎接每一位進門的球員。有些人得到擁抱、有些人得到微笑、有些人得到俏皮話或是手臂被輕輕地觸碰。葡萄酒持續供應著。他們坐著一起用餐。波波維奇在室內四處走動，輪流與每一位球員連結。他們之後說，波波維奇就像婚禮上的新娘父親，花時間感謝每一個人。過程中沒有致詞，只有一連串的親密交談。原本可能會充斥著沮喪、責備與憤怒的時刻，他以美酒填滿。他們談到比賽，有些人哭了出來。他們開始從原本私密的靜默中走出來，克服失落並且進行連結。他們甚至還哈哈大笑。

「我記得我看著他那樣做，感到難以置信。」布福德說，「晚宴結束時，一切感覺都恢復了正常。我們又是一個團隊了。這是我在運動界所見過最棒的事情，絕無僅有。」*

---

* 馬刺隊繼續帶著超越第六場比賽的凝聚力與精力迎戰第七場比賽，但他們最終仍輸給了熱火隊。他們將尚未開瓶的香檳留到第二年，當馬刺隊在總冠軍戰第五場比賽打敗熱火隊、迎來第五次總冠軍時，他們才開瓶享用。

5 設計歸屬感：溫室建築師謝家華

謝家華不是普通的小孩。他很聰明，會四種樂器，幾乎不用打開書本就能全拿高分。他也很害羞，喜歡獨自思考勝過社交。他喜歡拼圖；喜愛發現解決難題的創意方法。他最喜歡的電視影集是《馬蓋先》；馬蓋先是個足智多謀的祕密探員，他常常利用日常生活的素材脫離困境並使壞人伏法。以優雅的方式解決困難的問題，這個想法有巨大的吸引力。謝家華很小的時候就學馬蓋先，靠計謀行走天下。

例如，當他父母要他練習鋼琴、小提琴、小號或法國號時，他就化身爲馬蓋先。他會錄好練習時的音樂，然後從他的臥房門後播放，讓相信他的父母以爲他在乖乖練彈。他讀高中時，也化身爲馬蓋先，讓學校的電話系統免費撥打色情電話（這短暫提升了他在男孩中的受歡迎程度）。

這個模式一直到「謝蓋先」就讀哈佛大學時仍持續著。他讀書（他把上課筆記以每個科目二十美元賣出）兼顧宵夜（他買來披薩烤爐再以比批發價還低的價格賣出披薩）。畢業之後，他與人共同創立了Link Exchange，然後在一九九八年將公司賣給微軟。那年他二十九歲，口袋裡已經有了數百萬美元，此生已不用再多工作一天。他開始尋找其他要解決的事情。

他找到一家叫做ShoeSite.com的網路零售商。表面上，這看起來不像是個聰明的投資，畢竟那是電子商務還不被看好的時期。但是謝家華將失敗看作是重新整頓系統的機會。他想過透過強大又有區別性的公司文化，重新投資網路零售業。他想要打造一個「奇特又好玩」的環境。該網站不僅遞送鞋子，也在公司內部與外部傳遞謝家華所說的「個人情緒連結」。在他初期投資的幾個月後，謝家華成了該公司的執行長。他將公司改名爲薩波斯（Zappos）。

一開始，薩波斯的運行並不順利。年輕事業通常會有的麻煩，諸如供應、物流、執行，它也都有。幾位員工還曾經暫住謝家華在舊金山的家裡。但是到了二〇〇〇年代初期，事情開始慢慢有了改善，然後又以驚人的速度躍進。二〇〇二年的營收是三千二百萬；二〇〇三年是七千萬，二〇〇四年時是一億八千四百萬。公司搬遷至拉斯維加斯，並且還持續成長著。二〇〇九年時，該公司營收達到十一億之多。之後賣給亞馬遜的薩波斯，如今擁有一千五百名員工與二十億美元的營收。它持續位居美國最佳友善職場的前幾名，每有一項新職缺總會吸引上百名應徵者。上哈佛還比進薩波斯工作容易。

二〇〇九年，謝家華開始在商業界外進行投資，他買下位於拉斯維加斯市中心、環繞薩波斯總部的二十八英畝地。他勇敢懷抱著想要重振此區的想法。但是在那片土地上的可不是浮華的拉斯維加斯大道，而是一堆荒涼的三流賭場、空蕩蕩的停車場以及破舊不堪的旅館，如一名評論家所言，該區已經是幾近破敗的程度。謝家華心想：是否有可能在城市中施展像馬蓋先一般的計謀，化腐朽爲神奇——以薩波斯的行事原則重新打造一個破舊的城市？

和謝家華碰面之前，我先去參觀了他的公寓。他的公寓就位在附近一幢建物的二十三樓。我是和其他十二個人與一名導遊一起前往。謝家華體現了薩波斯激進開放的價值觀，他允許團體訪客走進他的廚房、客廳、牆壁與天花板覆蓋著植物綠意的「叢林房間」，以及庫藏豐富的酒吧，讓訪客見到這位億萬富翁吃了一半放在廚房料理台上的穀物棒、丟在地板上的襪子，藉此打造出奇特的親近感。

接著我們在客廳的牆上看見一張藍圖：市中心振興計畫（Downtown Project）的衛星地圖，邊界以亮黃色標示，每個指定區域看起來似乎都擁有不斷變化的可能性。在相鄰的牆上貼著數百張彩色便利貼，上面寫著他對這些土地的想法：**創意共享**（creative commons）……**全都使用太陽能**……**遛狗公園**……**市政大廳釀酒廠**……**社區公園**。讓人感覺像是在玩一場複雜到不可思議的遊戲——由謝家華擔任設計師與遊戲者，在真實世界展開的模擬城市。

一小時後，我們在一個叫做「貨櫃公園」的地方碰面。他很安靜，頭髮短到近乎光頭，眼神穩定而專注。他措辭小心謹慎，如果對話中有暫停的時刻，他會以無比的耐心等你說話。和謝家華親近的幾個人對他的描述都差不多：他像是具有高智慧的外星生物，來到地球想辦法讓人類運轉起來。我問他這一切是如何發生的。

他說：「我試著讓事情有機地發生。如果你的設計正確，連結就會發生。」他靠後坐著，比向貨櫃公園，那是市中心振興計畫最新成就的至寶。幾個月前這個地方還是一片荒蕪，如今成了由彩色運輸貨櫃改造成商店與精品店，既溫馨而友善的聚會場所。公園外有一個巨大的金屬雕塑作品，那是一隻透過觸鬚噴火的螳螂。我們周遭有好幾百人在享受午後的陽光。今天晚上，雪瑞兒．可洛還會在公園開演唱會。雖然市中心振興計畫有其困難之處，但在早期階段便已經有所成就：它爲公共與私人項目帶入了七億五千四百萬美元，協助了九十二家企業，並爲這個地區注入了新的活力。

我們聊了一會兒，我提問題，謝家華回應，進行得並不十分順利。部分原因是，他似乎認爲對話是一種無可奈何的原始溝通工具。我們之間典型的交流模式就如下面這樣：

我：你是怎麼開始這個專案的？

謝：我猜是因爲我喜歡系統吧。（停頓十秒）

我：你受到什麼樣的範例與想法所啓發呢？

謝：很多來自不同地方的不同想法。（停頓二十秒）這眞的是很難回答的問題。

謝家華並不是故意要這麼難搞；只是因爲文字無法充分表達的緣故。之後他建議我們去散步，那一瞬間讓一切有了改變。他在街道上走動、遇見人、與他們交談、爲我們介紹彼此時，就像活了過來一樣。他與每個人都有連結；更令人印象深刻的是，他想要與別人建立連結。在四十五分鐘的時間裡，我見到他爲電影導演、音樂節製作人、藝術家、燒烤店老闆以及三位薩波斯的員工，連結上他們應該談話的人、應該去找的公司、與他們共享興趣的人，或甚至他們會感到興趣的活動。謝家華就像是個眞人版的社交APP，而且他每一次進行連結時都是一樣輕快、低調、正面。他擁有讓這些對話看似再正常不過的天賦，而就在那樣的正常之中，對話顯得特別起來。

「他很聰明，但是最聰明的一點是他思考時像一個八歲小孩。」市中心振興計畫的文化總監珍．馬凱說道，「在人際方面，他讓事情保持單純與正面。」

市中心振興計畫的行銷經理喬．馬洪說：「我記得有一次和他在一起時，不知爲何，我腦子裡想到我們應該要有一艘薩波斯軟式飛船——不是一般的小型飛船，而是像固特異輪胎那樣的巨大飛船。現在想起來，那眞是個瘋狂的點子。但是他眼睛都不眨一下就說：『好主意。』然後我們就這麼討論起來了。」

謝家華的非典型行事作風，奠基於他稱之爲碰撞（collisions）的數學架構。碰撞的定義是因緣際會的偶遇，他相信碰撞是任何組織的血脈。他規定自己每年要有一千個、市中心振興計畫每年每畝地中則要有十萬個「可碰撞的時間」。這就是他爲什麼要關閉薩波斯總部側門的原因，因爲他想要讓人們只有單一通道能走。這也是在最近一次派對中他感到不舒服的原因，因爲大家都待在封閉的小群體中，沒有融入。當他注意到是家具阻擋了人流，沒多久他就將大型沙發堆到該樓層的另外一處。然後他開始移動檯燈與餐桌，沒多久他就重新規畫好會場。「那是我唯一一次見到億萬富翁自己搬動家具的。」一位友人打趣地說。

謝家華說：「這地方像是個溫室。在某些溫室中，領導者扮演其他植物想要成爲的那種植物。但是那不是我。我不是其他人想要成爲的那種植物。我的工作是設計出溫室。」

我的工作是設計出溫室。要了解謝家華如何打造出歸屬感，這是很有用的觀點，因爲它代表著一種進程。「我一天中說**碰撞**這個詞超過一千次。」謝家華說，「我這麼做的重點不只是計算數字，重要的是改變思維。當想法成爲語言的一部分時，它就變成你默認的思考方式。

當你在謝家華的溫室內與人交談時，他們似乎處於強大磁力的影響中。原本在史丹佛大學任教，現轉而領導謝家華健康診所的放射學家祖賓·達馬尼亞博士說：「這說不通。他就像是《駭客任務》裡的莫菲斯，當他給你小藥丸的時候，你才會第一次看清眞相。」

「這有點難以解釋。」市中心振興計畫的工作人員莉莎．修弗洛說，「你與所有人有連結，但不是用腦海感受，而是用你的胃。你感覺到可能性，而他所到之處都在創造可能性。」

「他對於人們如何進行連結太過了解，以致他自己沒有意識到。」市中心振興計畫執行小組的成員麥琪．徐說。「這件事情他已經習以爲常到無法克制。我問過他好幾次：爲什麼大家都跟在你身邊？他們爲什麼要回應你？他說：『我也不懂。』」

徐的故事很有代表性。她幾年前聽說市中心振興計畫時，還是麥肯錫管理諮詢公司一名成功的顧問。她出於好奇寄出電子郵件，謝家華則在回覆中邀請她出門幾天。徐原本內心期待的是一般的會議、參訪以及安排好的旅程，但是她收到的內容卻只有兩句話和八個名字的清單。

謝家華寫道：**和這些人碰面。然後問他們妳還可以和哪些人見面**。

徐被搞糊塗了。「我問他：『就這樣？有沒有什麼其他事情是我該做的？』他說：『妳會想清楚的。』他是對的，差不多就是這樣。就好像是我獲得一個訊息，在和每個人碰面時訊息變得更強大，大到我沒有辦法抗拒。最後我就搬來這裡了。一點道理都沒有，好像我不得不這麼做一樣。」

我們對於大公司的歸屬感通常不會有這樣的想法。通常，當我們想到對大公司的歸屬感時，我們會想到厲害的溝通者，他們創造出讓其他人跟隨、既鮮明又有說服力的願景。但在這裡不是這樣。事實上，謝家華不是個有領導魅力的人，他在溝通上也不特別出色，而且他使用的工具如同小學程度——**和人們碰面，你會想清楚的**。但這爲什麼如此有效呢？

冷戰期間，美國與蘇聯爲了建造史上最強大的武器與衛星系統，在所有事物上進行了數十年的競賽。在兩國內數百項國家與私人企業的計畫中，工程師花了數千個小時致力於從未有人解決過的複雜難題。競賽的中途，美國政府決定針對這個過程的效益進行調查，於是徵集人員來研究爲何特定工程計畫能夠成功，而其他的卻不行。第一位正式著手進行這項研究的人員之一，是麻省理工學院的教授湯馬士．艾倫。

艾倫不是個典型的象牙塔學者。他是個來自新澤西州中產階級家庭的孩子，畢業於該州的烏普薩拉學院，韓戰期間於海軍陸戰隊服役。退伍後，他爲波音公司工作，然後進入麻省理工學院攻讀電腦科學與管理雙學位，這讓他成爲進行政府這項研究要求的不二人選。（艾倫說：「我入學的時候甚至不知道他們有提供管理學位。我修了幾門課，還滿喜歡的，然後有些人就勸我拿個博士學位。」）艾倫的研究從定位他稱爲「雙胞胎計畫」的工作開始，這是指由兩家或數家工程公司處理相同複雜的挑戰，例如想出如何以衛星引導或聯絡洲際彈道飛彈。他計量解決方案的品質，然後試圖找出成功的計畫所具有的共同因素。

有個模式立刻變得鮮明：最成功的計畫都是由那些艾倫稱爲「高度溝通者群組」的人所促成的。這些群組中有著像 Google 的賴利・佩吉和傑夫・狄恩之間的化學反應與凝聚力。他們都有以飛快的速度爲複雜難題指點迷津的本領。艾倫在數據中挖掘，想找出他們的訣竅爲何。他們爲同樣的期刊撰寫過文章嗎？他們是否擁有某種程度的聰明才智？他們是否就讀相同的幼稚園，或是獲得同樣程度的學位？他們擁有最豐富的經驗或最好的領導技能嗎？這些因素似乎都很合理，但是艾倫卻沒有發現任何在凝聚力方面具有關鍵意義的東西——只除了一項因素。

就是：他們辦公桌之間的距離。

起初他不相信這一點。團隊化學反應是相當複雜又神祕的過程，所以他期待原因也會一樣的複雜神祕。但是他探索愈多數據，答案就更加明顯。打造成功團隊最重要的事情與聰明才智與經驗較無關聯，而是與辦公桌的位置大有關係。

艾倫告訴我們：「與眼神接觸一樣簡單的東西非常、非常重要，比你以爲的還要重要。如果你可以見到其他人或是他們工作的區域，你就會想到他們，而這有很大的效果。」

艾倫決定挖得更深入一些，測量距離與互動頻率之間的關係。「我們可以檢視人們溝通的頻繁程度，然後檢視他們彼此之間的距離。我們不知道他們坐在哪裡、位在哪一層樓，只透過溝通頻率來看。」但是當他們移去其他樓層時，「我們很驚訝地發現溝通頻率快速衰退。」艾倫說：「事實證明，垂直分離是非常嚴重的。就算你在同一個機構中，只要身處不同樓層，就彷彿處在不同的國度裡。」

艾倫測定不同距離的互動頻率，最後畫出一條如陡坡般的曲線。線條前端幾乎垂直，而末端平坦。這條線就是廣爲人知的「艾倫曲線」（Allen Curve）。*

---

* 艾倫曲線呼應了另一個有名的社交度量標準鄧巴數（Dunbar Number），後者指的是我們能夠維持穩定社交關係的人數上限（約一百五十人）。這兩者似乎反映了同樣的事實：我們的社交大腦是用來專注並且回應位於有限距離的相對少數。一百五十英尺也恰好是我們肉眼再也辨認不出臉孔的大概距離。

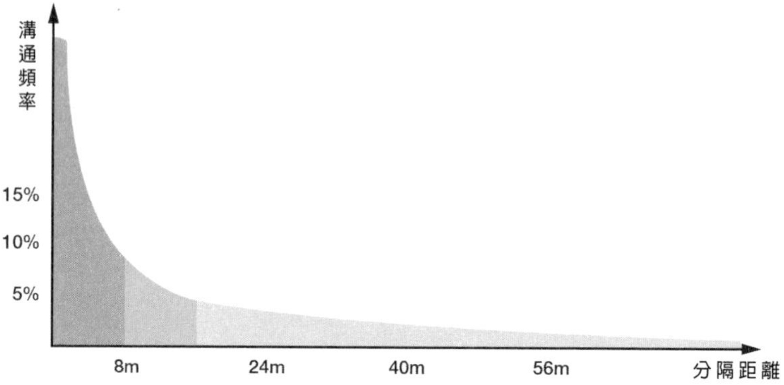

艾倫曲線的關鍵特徵，是發生在八公尺處的陡峭下坡。圖表顯示，在小於八公尺的距離內，溝通頻率會有所提升。如果大腦以合乎邏輯的方式運作，我們可能會預期頻率與距離以穩定的速率在改變，然後畫出一條直線。但是如同艾倫所展示的，我們的大腦並非是合乎邏輯地運作。特定的鄰近度會使溝通頻率產生巨大改變。將距離增加到五十公尺，溝通就會停止，就像水龍頭被關上一樣。將距離減少到六公尺，溝通頻率就會飆升。換句話說，鄰近程度就好像是一種連結的藥物。只要接近，我們的連結傾向就會發生作用。

科學家指出，艾倫曲線遵循著演化的邏輯。在人類大部分的歷史中，持續的鄰近程度都是歸屬感的指標。畢竟，除非彼此感到安全，否則不會持續地靠近別人。研究顯示，即便是數位溝通也一樣遵循著艾倫曲線；我們會更想要與實際上鄰近我們的人傳簡訊、寄電子郵件以及進行虛擬互動（一項研究發現，身處同一工作場所的人互寄電子郵件的數量，是沒有共享空間的人的四倍，這也使前者能夠以提前三十二％的時間完成計畫）。

這讓我們更了解謝家華想做的事。他是在運用艾倫曲線。謝家華的計畫之所以成功，理由和創意群組成功的理由一樣：親近程度有助於創造連結效益。在謝家華軌道上運行的人，表現得好像他們被某種藥物所影響，因爲事實上他們就是如此。

我問謝家華：他如何募集新人加入市中心振興計畫？他說：「如果有人感興趣，而我們也對他們感興趣，就會邀他們來這裡。我們的做法有點狡猾。我們讓他們免費住在一個地方，不跟他們說太多。他們在這裡四處看看，了解一下情況，然後有些人就會決定加入。事情就是這樣發生的。」

最後搬來這裡的比例有多少？

他停頓了很久。「大概二十分之一吧。」這個數字一開始看似沒什麼了不起，不過就五％而已。然後你想到這個數字背後的意義：一百個陌生人來拜訪謝家華，經過一些交談和幾次互動，有五個人會遠離家園，加入他們才剛見過的團隊。謝家華建造了一部將陌生人打造為族群的機器。

謝家華說：「事情的發生很有趣。我從來都沒有說得很多；我沒有大力推銷。我只是讓他們來體驗這個地方，然後等待時機。之後我看著他們，問說：『那你什麼時候搬來？』然後他們有些人就搬來了。」*

* 在我的報告完成不久之後，市中心振興計畫的領導者進行了一連串有爭議的縮減開支，導致三十名員工被裁撤，而謝家華也離開了領導地位。這項實驗長期能否成功還有待觀察。

6 實作的步驟與方法

打造安全感的技巧並非透過機械化、照本宣科的方式就可以習得，它是流動、即興的，有點像是學習如何在足球比賽中傳球給隊員。你需要辨識出模式，迅速回應，並且在正確的時間傳遞正確的訊息。而且就像其他技巧一樣，它也有學習曲線。

這條學習曲線甚至適用於研究歸屬感的科學家自己。舉例來說，做過壞蘋果實驗的威爾．菲爾普斯（見第一章）就說他透過該實驗所得到的洞察，影響了他日常生活中的溝通方式。「我以前喜歡在團隊中做很多聰明的小評論，想要表現得風趣，有時還會挖苦人。現在我知道那些訊息對團隊有多麼負面。所以我試著表現出我在傾聽。當他們說話時，我看著他們的臉、點頭，跟他們說：『你的意思是什麼？』『可以再多告訴我一點嗎？』或是請他們告訴我們應該要怎麼做，幫助別人表達想法。」

艾米．埃德蒙遜（我們在第一章也提過她）研究許多不同工作場所中的心理安全感。「我過去一點也不會去想我是否讓人有安全感，現在我無時無刻不想著這件事，特別是在互動剛開始的時候。然後我會持續地確認，當情況有任何改變或是氣氛變得緊張，我會後退彎下身子，確保別人感到自己是安全的。」

菲爾普斯和埃德蒙遜的話證實了一件事：打造安全感，就是連結那些微小、不易察覺的時刻，並對關鍵重點傳遞具有針對性的訊息。本章便是要對此提供一些建議。

認真傾聽，不打岔：在我參訪成功的文化時，我總是見到傾聽者臉上有著同樣的表情。他們看起來像是這樣：頭部稍稍向前傾斜、眼睛眨也不眨、眉毛上揚。他們身體靜止，專注地往前傾向說話者。他們發出的唯一聲音就是一連串穩定的肯定語：**沒錯**、**嗯嗯**、**我了解**，這鼓勵說話者繼續說下去，告訴他們更多。彭特蘭的前博士生、創立社交分析諮詢公司 Humanyze 的班．韋伯說：「姿勢跟表情太重要了，這是我們展現我們與某人保持同步的方式。」

與此相關的是，避免中途插話也非常重要。一如我們所了解，對話轉換是否順暢是團隊凝聚力是否強大的指標。插話會打破歸屬感核心的流暢互動。事實上，因爲插話這個行爲的反凝聚作用之大，韋伯甚至使用插話的計量指標當作銷售人員的訓練工具。「當你拿出一流銷售人員幾乎從不插話的數據，並以此指標評量其他的銷售人員時，你就傳遞了一個強大的訊息。」當然不是所有插話都是負面的，例如創意活動就時不時會有人突如其來地插話。關鍵是要能分得出什麼樣的插話能夠讓對話雙方都感到振奮，什麼樣的插話又是出於缺乏察覺與連結而產生。

早早顯露出你的易犯錯性——尤其當你是領導者時：在任何互動中，我們很自然會想嘗試隱藏我們的脆弱面，讓我們看起來能力十足。但是如果你想要打造安全感，這卻是不智之舉。你應該要敞開心胸，表現出你會犯錯，然後以簡單的詞語請對方提供意見，像是：「這只是我的淺見。」「當然，我有可能是錯的。」「我有沒有忽略了什麼事？」「你覺得如何？」

聖安東尼奧馬刺隊總管R·C·布福德是運動史上最成功的主管之一。但是如果你看到他工作的樣子，你可能會誤以爲他是個助理。布福德是個安靜、和藹可親的堪薩斯人，散發謙遜的氣質，他會提問並專注地傾聽。我們交談沒有多久，他就提到隊上幾位即將退休的明星球員，還說：「我對未來感到害怕。」他大可以談論他們被廣爲讚賞的選秀與球員培養系統，或是年輕球員的進步，或是他們做出的厲害交易，或是馬刺隊文化的力量。但是他並沒有那麼做，他說的是他「感到害怕」。這種訊息不只是承認脆弱，它還邀請你進入更深的連結，因爲它引起傾聽者的反應：**我要怎麼協助你？**

埃德蒙遜說：「要打造安全感，領導者就必須積極邀請大家提供想法。人們眞的很難舉起手就說：『有件事不知道該不該說。』同樣地，當領導者眞心希望得到意見或協助的時候，人們也很難不予回應。」

誠懇接納壞消息：打造安全感最關鍵的時刻，是當團隊共享壞消息或是給出嚴厲的回饋意見時。在這些時刻，你不只是要去忍受那些令人難受的消息，更重要的是去擁抱它。埃德蒙遜說：「你知道有句話說『不殺來使』嗎？事實上，光不殺還不夠，你還必須擁抱訊息傳遞者，你要讓他們知道你有多需要這份回饋意見。這樣才可以確保他們覺得足夠安全，下次還願意告訴你眞相。」*

描繪充滿希望的藍圖：我在成功團隊中見到的一項習慣是預先檢視未來的關係，

在當下與未來的願景之間做出微小但是動人的連結。例如，聖路易紅雀隊以其文化及將年輕球員培養成能夠立足大聯盟的選手而聞名。田納西州的強森市紅雀隊是聖路易最低階的小聯盟球隊。有一天，坐在球隊巴士前排的一名教練往上比了比電視，畫面中正在播放他們的大聯盟球隊聖路易紅雀隊的賽事。

「你們知道這名投手嗎？」

球員抬起頭來看向電視。螢幕上的人身穿完美的白色制服，那是當時還在聖路易紅雀隊的英雄崔佛．羅森索。這位年輕的明星選手是紅雀隊的主力救援投手，也在前一年的世界大賽中出賽。

這名教練說：「三年前他就坐在你們現在坐的位子上。」

＊檢測歸屬感程度的方法之一，是檢視在電子郵件中所使用的個人語言。在華頓商學院助理教授吳琳恩所做的研究中，她觀察了八千位勞工在兩年內所進行的溝通。結果顯示，從他們對運動、午餐與咖啡的談論，比起他們所帶來的收益，更可以預測出一位員工是否會被留聘。史丹佛大學助理教授阿米爾．戈伯所做的研究則顯示，可以透過員工電子郵件中提及家人以及髒話的頻率，來預測員工會待多久。

他只說了這些。話不多，五秒鐘就說完了，但是卻非常有力量，因爲這些話將球員現在所處的位置與他們將要前往的地方連結起來。**三年前他就坐在你們現在坐的位子上。**

道謝永遠不嫌多：當你進入高度成功的文化中，你聽到的道謝次數彷彿多到要滿出來了。例如，每次賽季要結束的時候，馬刺隊總教練波波維奇會將每一位球員帶到場邊，謝謝他們給他指導的機會。他就是這樣說的：**謝謝你讓我訓練你**。這好像沒什麼道理，畢竟波波維奇與球員雙方都獲得充分的報酬，而且球員其實無法選擇是否要接受他的訓練。但是像這樣的時刻在高度成功的文化中卻一再發生，因爲除了感謝之外，更重要的是確認關係。

例如，當我參訪位於紐約市哈林區有名的特許學校奇普無限（KIPP Infinity）時，我親眼見到該校教師一再向彼此道謝。數學老師收到印有「圓周率日」字樣的T恤，那是行政助理送給他們的驚喜禮物。接著，教八年級數學的老師傑夫·李寄了一封電子郵件給部門裡所有的數學老師：

我親愛的數學老師們：

在線性函數期中考的第七份評量中（本年級重要基本學習的一部分），二〇二四班在同樣的考試裡，表現勝過前兩年的班級。請看以下的數據。

二〇二二班：八十四．五分

二〇二三班：八十七．二分

二〇二四班：八十八．七分

我知道這是從五年級開始，每一年教學都在優化的結果……所以謝謝你們這些如此優秀的老師，每一年都在求進步。

很成功！

——傑夫

雖然道謝看似多到要滿出來，但這卻有很強的科學根據，它確實可以激起彼此間的合作。在一項由華頓商學院教授亞當．格蘭特與法蘭西絲卡．吉諾所做的研究中，研究對象被要求要協助一位名叫「艾瑞克」的虛構學生，寫出一份應徵工作的自我介紹信。半數參加者在幫助他之後，收到了來自艾瑞克的感謝短箋；半數則收到了模糊的回應。在這之後，研究對象又被要求幫助另外一位學生「史蒂夫」。那些收到艾瑞克感謝函的人選擇幫助史蒂夫的，比收到模糊回應的人多出兩倍。換句話說，小小一封感謝函，就讓人願意對一個完全陌生的人更加慷慨。這是因爲感謝函不只表達了感激，它還是關鍵的歸屬感線索，衍生出具有感染力的安全感、連結與動力。

在我的研究中，有時會看到團隊中最有影響力的人，公開向影響力最小的成員表達感激之情。例如，在美國東西岸分別坐擁 The French Laundry 及 Per Se 兩家米其林三星餐廳以及其他世界級餐廳的廚師湯瑪斯．凱勒，有在餐廳開幕時向洗碗工道謝的習慣，強調一家餐廳的好壞有賴於做著最不起眼的工作的人。帶領俄亥俄州立大學橄欖球隊獲得二〇一五年全國總冠軍的教練厄本．梅耶，在球隊奪冠之後於俄亥俄州體育館舉辦、有數萬名學生與支持者參加的慶功會場上，也做了同樣的事。所有人都以爲他在慶功會場開場時會介紹領導球隊獲得成功的明星球員，但是梅耶卻介紹了一位根本沒有人認識的替補防守後衛尼克．薩拉奇。原來薩拉奇在球季開始時，便自願放棄了他的獎學金，好讓梅耶可以將其轉讓給更能幫助球隊的另一名球員。凱勒感謝洗碗工、梅耶感謝薩拉奇，都是出於同樣的理由：**這是讓我們得以成功的無名英雄。**

雇用過程要不辭辛勞：決定成員的去留，是團隊能夠傳送出最有力的訊息，而且成功的團隊都依此制定其雇用事宜。大部分團隊建立了冗長、嚴格的過程，希望能夠評估成員是否適用、能有多少貢獻（透過背景調查以及與團隊中許多人的廣泛互動）以及如何表現（愈來愈以測驗來衡量）。有些團隊如薩波斯，會加上一道歸屬感線索：新進員工訓練完成後，如果他們決定離職，可以領取兩千美元獎金（大約有十％的人會接受）。

除去壞蘋果：我研究的團隊對壞蘋果的容忍度極低，而且也許更重要的是，他們很擅長為那些行為命名。紐西蘭國家橄欖球隊 All Blacks 是世界上最成功的團隊之一，其領導者便有一條簡單的規則：「不要討厭鬼」。很簡單，而這正是其有效的原因。

創造安全、高度碰撞的空間：我參訪的團隊都很執著於要設計出打造凝聚力與互動的方法。我在皮克斯動畫工作室由史帝夫．賈伯斯設計的中庭，在美國海豹部隊第六分隊類似旅館會議空間的廣闊團隊室（儘管滿室都是攜槍的精壯男子），都看到了這點；我也在更小、更單純的地方見識過——例如在一台咖啡機上。

幾年前，美國銀行因爲電話服務中心小組的倦怠感到很困擾。他們請班・韋伯進行社交測量分析，發現工作人員承受了高度的壓力，而紓解壓力最好的方法是讓他們離開辦公桌，花時間與別人共處。韋伯建議調整組員的時間表，讓他們每天共享十五分鐘的咖啡時間。他也讓公司斥資購入更好的咖啡機，並將它們安置在更方便的聚會場所。效果可說是立竿見影：生產力增加了二十％，人員流動率從四十％減少至十二％。韋伯也介入管理公司的自助餐廳：他光是將四人座位更換爲十人座位，就讓生產力增加了十％。這些研究都反映出同樣的情形：讓碰撞的空間最大化。

皮克斯總裁與共同創辦人艾德文・卡特姆說：「我們以往將餐飲服務交由承包商承辦，我們沒有考慮過讓置辦食物成爲核心業務。但當你外包時，餐飲服務公司是想賺錢的，而他們賺到錢的唯一方式就是降低食物或服務品質。他們並不是什麼壞人或是貪婪的人，這只是結構性的問題。所以我們決定自己來，讓我們的員工以合理的價格享用到高品質的食物。如今，我們擁有很棒的食物，大家寧願留下也不願離開，而且他們的交談與相遇對我們的業務也有幫助。這眞的很簡單。我們意識到食物確實是核心業務的一部分。」這些在第十六章會進一步探討。

確保每個人都發言：確保每個人都發聲，是一件說起來簡單但是很難做到的事。所以許多成功的團隊使用簡單的機制來鼓勵、突顯並且肯定整個團隊的貢獻。例如，許多團隊都遵從一個規定，除非每個人都分享意見，否則會議不會結束。*其他公司擁有任何人都可以對最近的工作直陳淺見的例行檢討會（皮克斯公司稱之為**日常檢視**〔Dailies〕，那是內容包羅萬象的朝會，每個人都有機會對於最近創作的影片提供想法與回饋意見）。其他公司建立例行論壇，讓每個人在團隊領導者面前提出議題或問題，不論所提的內容爭議性多高。但是不管規則如何強大，根本的關鍵在於擁有尋求連結與確保大家的聲音能被聽見的領導者。

麥可．艾伯拉蕭夫就是一個很好的例子。他是一九九七年執掌**班福德號驅逐**

* 我最喜歡的方式是豐田汽車對於**安燈系統**（andon）的運用。任何一名員工在他們發現到問題的時候都可以使用一條電線來終止組裝線。這個系統藉由允許低階裝配人員停止整間公司而顛覆了階級組織。就如同許多公司內確保發言的習慣一樣，它起初看似沒有效用。但是仔細審視之下，會看出它透過將權力與信任放到從事工作的人們手中，而打造出歸屬感。

艦的艦長。當時**班福德號**在海軍表現評分中墊底。他首批行動之一就是逐一與艦上三百一十位水手各進行三十分鐘的會面（完成這些會面總共花了六週）。艾伯拉蕭夫問每位水手以下三個問題：

①你最喜歡班福德號的哪個部分？
②你最不喜歡的部分？
③如果你是艦長，會做出什麼改變？

艾伯拉蕭夫每獲得他覺得立即可行的建議，就在艦上的內部通話系統中宣布這項改變，並將功勞歸於想出點子的人。接下來的三年內，由於這一項與其他行動（在艾伯拉蕭夫的書《這是你的船：有效領導的十大技巧》裡有詳細介紹）帶來的影響，**班福德號**成為海軍評價最高的船艦之一。

做不起眼的工作以成為團隊的模範：一九六〇年代中期，加州大學洛杉磯分校男子籃球隊在十二年內贏下十次冠軍寶座，是該校運動史上最成功的年代，聲勢如日中天。球隊的學生經理法蘭克林．艾德勒卻見到一幅奇怪的景象：球隊的傳奇總教練約翰．伍登正在撿拾更衣室內的垃圾。「一個拿過三次國家總冠軍的人，」艾德勒說，「一個以球員身分入選名人堂的人，一個已經創造出一個王朝並身處其中的人，正彎下身子撿拾更衣室地上的垃圾。」

伍登並不孤單。麥當勞創辦人雷．克洛克撿垃圾也是出了名的。麥當勞前執行長弗雷德．透納便告訴作家亞倫．多伊奇曼：「每晚都會見到他上街走到水溝附近，沿路撿起麥當勞的包裝紙和杯子，然後兩手滿是包裝紙與杯子走進店裡。我還見過雷花了一整個週六早上的時間，用牙刷清理拖把桶上將拖把擰乾的那個洞。沒有誰眞正注意到它，因爲大家都知道那也就不過是個拖把桶而已。但是克洛克看見洞裡積累的汙垢，他想要把它清理乾淨，讓拖把桶變得比較好使用。」

我不斷見到這個模式。佛羅里達大學籃球教練比利．多諾凡（如今是奧克拉荷馬雷霆隊總教練）清理過灑在地板上的運動飲料。杜克大學籃球隊總教練麥克．沙舍夫斯基和前NFL紐約巨人隊總教練湯姆．考夫林也做過同樣的事。紐西蘭國家橄欖球隊All Blacks的領導者，將這個習慣形成一種稱爲「清掃房舍」的團隊價值。他們清理更衣室，做不起眼的工作——透過行動鮮明地成爲球隊團結與團隊倫理的模範。

我稱之爲強者的謙卑，也就是以簡單方式服務團隊的思維。撿垃圾是一個例子，不過同樣的行爲也在於分配停車位（人人平等，不爲領導者留特別的位子）、用餐時拿起帳單（領導者每次都這樣）以及提供公正的薪資——特別是對新人這麼做。這些行動不只是因爲有道德或是顯得大方而具有力量，更因爲它們傳遞出更大的訊息：**我們是一體的**。

重視剛進入團隊的時刻：進入一個新團隊時，我們的大腦會迅速決定是否要進行連結。所以成功的文化會將剛進入團隊的那刻看得比任何時刻都重要。例如假設你被皮克斯雇用，不論你是當導演還是在公司的咖啡廳裡當咖啡師，在上班的第一天，你會和一小群新進人員被帶進一間電影院，而螢幕上是暫停的畫面。你會被邀請坐在第五排——因爲那是導演們坐的地方，然後你會聽到：**不管你以前從事過什麼職業，你現在是一名製作人了。我們需要你幫助我們做出更好的影片**。*從事資料管理的麥可．桑迪說：「這話非常有力，你會感覺好像徹底改頭換面了一樣。」

雷霆隊在球員加入的第一天也有類似的做法。奧克拉荷馬市是個不太有希望發展出職業運動的地方：它又小又偏遠，龍捲風比夜生活還要出名。當你被雷霆隊雇用時，不論你是球員或雇員，首先會被帶到奧克拉荷馬市國家紀念堂，那裡紀念的是一九九五年奧克拉荷馬市爆炸案的受害者。在倒映著紀念堂的池水四周，你會看見獻給受害者的一百六十八張椅子雕塑。

雷霆隊的總管山姆．普雷斯蒂經常帶領這趟旅程。他話不多，只是讓你自己四處走走，感受那裡的莊嚴。結束時，他會提醒球員在球賽中看看四周的觀眾台，並記得其中有很多人被這場悲劇所影響。這是一個很小的時刻，但卻創造出很大的不同，這與第三章威普羅公司的實驗所帶來的改變原因相同：它在人們完全準備好要接收的那一刻，傳遞出強而有力的歸屬感線索。

當然，進入團隊的時刻不會只發生在第一天，而是每天都在發生。但是我參訪過的成功團隊會留心這種時刻的到來。他們會停頓下來、付出時間、在意新進人員的存在，讓這個時刻變得很特別：**我們現在是在一起的**。

---

* 莎曼莎．威爾森原本被皮克斯公司聘為公司咖啡廳的咖啡師，現在卻是動畫工作室的故事主管，參與過《腦筋急轉彎》《天外奇蹟》和《汽車總動員2》。

避免給出三明治式的反饋：在許多機構中，領導者通常會給予傳統的三明治回饋方式：談論正面的事，接著指出需要改進的地方，然後以正面的內容結尾。這在理論上說得通，但實際上卻常會帶來困惑，因爲人們不是完全聚焦在正面的事情上，就是完全聚焦在負面的事情上。

在我參訪過的文化中，我很少看到三明治式的反饋，他們會將正面與負面的回饋分隔開來。他們透過對話來處理負面的內容：首先，他們會詢問對方是否需要回饋的意見，然後以對方的需要爲核心，進行以學習爲主的雙向對話。另一方面，他們則透過多方面的認可和讚賞來處理正面的事情。我花時間相處過的領導者，當他們發現值得稱讚的行爲時，都會感到很高興。這些溫馨、眞誠的快樂，有著像指北針一樣的作用，能夠創造出清晰的指引，促進歸屬感，並且爲未來提供定位。

擁抱歡樂：這麼明顯的事情仍然值得一提，因爲笑聲不只是笑聲，它還是安全感與連結最重要的跡象。

技巧

二

分享弱點

7 「告訴我，要怎麼幫忙？」

一九八九年七月十日，聯合航空二三二號班機載著二百八十五位乘客從丹佛起飛前往芝加哥。和煦的西風時速僅十三英里，天氣晴朗又舒適。在旅程的頭一小時又十分鐘裡，一切完美。在愛荷華州上空，包括機長艾爾．海恩斯、副駕駛比爾．瑞考德與飛航工程師杜德利．達沃克在內的機組人員，將飛機轉換成自動駕駛，用過午餐、閒聊了一陣。五十七歲的海恩斯是位低調的德州人與前海軍陸戰隊隊員，很能聊天，機組人員都很欣賞他的謙和。他還有兩年就要退休了，已經計畫好在人生的下個階段要開露營車載他妻子達琳遊遍全國。

在三點十六分的時候，機尾發出一聲轟然巨響。飛機在劇烈震動之後開始爬升，而且嚴重往右側傾斜。瑞考德馬上抓住操縱桿，並說：「我來操控飛機。」檢查儀表板後，機組人員發現這架三引擎客機的一個機尾引擎停止運轉了。瑞考德再怎麼努力也無法阻止飛機持續向右傾斜。

「艾爾，」瑞考德試著讓聲音保持冷靜地說，「我控制不住飛機。」

海恩斯抓住他的操縱桿說：「我控制住了！」但其實他做不到。儘管海恩斯使盡吃奶的力氣，飛機卻一點也不為所動地繼續向右傾斜，幾乎就快要翻轉九十度了。

事後調查發現，爆炸是因爲機尾引擎中一個直徑六英尺長的扇葉出現微小裂縫所導致。然而，爆炸不僅讓飛機失去引擎——通常在這種情況下還可以勉力克服；裂縫還造成扇葉斷裂，其碎片破壞了飛機主要與備用的液壓控制系統，而飛行員正是透過液壓系統才能控制方向舵、副翼與襟翼的。簡單來說，這次的爆炸讓飛行員失去了控制這架飛機的能力。

國家運輸安全委員會會用**災難性失效**來描述這樣的情況。航空公司一般不會訓練他們的飛行員處理災難性失效，這是因爲出現這種情形的機率非常低：同時失去主要與備用液壓系統的機率是十億分之一；另一方面，則是因爲一旦發生災難性失效，基本上就是致命的結果。

海恩斯使用節流閥增加右側引擎的動力，希望能夠減少左側引擎的動力，使飛機不致翻覆。不對等的動能成功讓飛機得以緩慢回復到接近水平地飛行。但是還有一個更大的問題：他們無法操控這架飛機。飛機在愛荷華上空像一架粗製濫造的紙飛機一樣顛簸飛行，以每分鐘幾千英尺的速度上竄下降。海恩斯與瑞考德一直奮力緊抓著操縱桿，空服員則在機艙中試圖讓乘客恢復冷靜。有一家人拿出《聖經》開始禱告。

四十七歲的丹尼．費齊正坐在頭等艙裡一個靠走道的座位上，爆炸發生時他正在清理灑在大腿上的咖啡。費齊在聯合航空擔任飛行教官，他的工作是在模擬飛行器中指導飛行員如何處理突發狀況。他請空服員告訴機長他願意提供協助。機長的回覆是：**請他過來**。費齊通過走道打開駕駛艙門時，感到相當震驚。

費齊後來告訴記者說：「身為一名飛行員，我當時見到的景象眞令人難以置信。穿著短袖襯衫的兩位駕駛員緊抓著操縱桿，手上青筋畢露，指關節都發白了……我腦子裡想到的第一件事是：『天啊，我今天下午死定了。』唯一的問題是：『我還有多久會撞上愛荷華？』」

費齊掃視儀表板，試圖理解狀況。他從來沒有見過液壓系統完全失效的情形，而他跟駕駛員一樣都搞不清楚到底是怎麼一回事。飛航工程師達沃克用無線電向聯合航空的維修部門尋求建議。當時眞可說是一片混亂。

「告訴我，」費齊向海恩斯說，「要怎麼幫忙？」

海恩斯比向兩位駕駛之間控制板上的引擎節流閥。海恩斯和瑞考德忙著雙手緊抓操縱桿，需要有人操控節流閥，讓飛機保持水平飛行。費齊向前蹲在兩個座位之間，雙手握住節流閥。

這三個人肩並肩地開始做一件從來沒有飛行員做過的事：駕駛一架控制不住的飛機。他們開始用簡短、急速的話語溝通。

海恩斯：「好，我們讓這傢伙下降一點。」

費齊：「好，提高一些動力。」

海恩斯：「有誰知道怎麼處理（起落架）？他（達沃克）還在（和維修人員）通話。」

費齊：「（達沃克）還在（和維修人員）通話。我要手動輔助。也許這樣有用。如果沒有液壓，我不知道低速副翼能不能用。」

海恩斯：「你要怎麼……我們怎麼放下起落架？」

費齊：「它會自己落下。只不過我們用手動輔助。要打開（起落架）門了嗎？」

海恩斯：「對。」

瑞考德：「我們要停下來也會有問題。」

海恩斯：「噢，對。我們完全無法煞車。」

瑞考德：「沒煞車？」

海恩斯：「其實，稍微可以煞車（但不多）。」

費齊：「（煞車要）一次做到。壓到底，一次到位。這是唯一的機會。我會轉回飛機。（我會）讓飛機左轉回機場。可以嗎？」

海恩斯：「了解。」

（幾分鐘之後）

海恩斯：「回左。回來。回來。」

費齊：「盡量讓它平飛。」

海恩斯：「平飛，寶貝，平飛，平飛⋯⋯」

達沃克：「我們在翻轉。」

費齊：「更多動力，更多動力，給更多動力。」

瑞考德：「更多動力。全部動力。」

費齊：「拉升啊。」

不知是誰的聲音：「右轉，拉回節流閥。」

海恩斯：「能左轉嗎？」

達沃克（對費齊說）：「你要張椅子嗎？」

費齊：「好啊，你方便嗎？。」

達沃克：「沒問題。我覺得你很清楚自己在做什麼……」

飛行員用來描述這類簡短溝通的詞彙是**通知**。通知不是命令或是指揮。它提供脈絡，告知一些被注意到的事情，將焦點放在離散的要素上。通知是溝通中最謙卑與最原始的形式，就如同小孩子用手指比出訊息：**我看見這個**。與指揮不同，通知還帶有意在言外的提問：**你同意嗎？你還看到了什麼？**在一般降落或起飛的過程中，熟練的機組人員每分鐘會平均進行二十次的通知。

二三二號班機臨時湊成的機組人員在爆炸後的互動中，通知的溝通頻率高達每分鐘六十次。有些互動包含開放性的大問題，大多由海恩斯提問：**我們怎麼放下起落架？……有誰知道怎麼處理？**這些通常不是我們期待機長會問的問題——恰恰相反，機長在緊急情況下的職責通常是指揮，展現其能力與冷靜。然而，海恩斯卻一再告知他的機組人員：**你們的機長不知道發生了什麼事，也不知道該如何修正。你們可以協助我嗎？**

通知與開放性問題綜合在一起，就成了既不流暢也不優雅的互動模式。概念上，那就像是一個人感覺他正走過一間暗室，感受到障礙物，在其中不安地尋找方向。**我們要停下來也會有問題……喔，對。我們完全無法煞車……沒煞車？……其實，稍微可以煞車……壓到底，一次到位。**

二三二號班機的機組人員以這種生硬、缺乏自信的風格溝通，在以時速四百英里飛行的過程中解決了一連串複雜的問題。他們想出如何以最好的方式分配動力給兩具引擎，並嘗試預測飛機的上下起伏。他們和機組人員、空服員、乘客與地面上的航管人員、維修人員以及緊急小組人員溝通。他們選路線、計算下降速率、準備好疏散，甚至還能說笑話。當他們靠近愛荷華州西北部的蘇城時，航管人員指示他們降落在機場的某條跑道上。海恩斯忍俊不住地笑問：「你還想指定我們降落在哪條跑道上啊？」大家都笑了。

幾分鐘之後，二三二號班機以正常降落時的兩倍速度，以及正常下降時的六倍速率，準備著陸。飛機機翼前端觸地撞上跑道，致使飛機在空中猛烈翻滾。撞擊的情況很糟，但是包括機組人員在內，有一百八十五人得以生還。有些人還自行從飛機殘骸中走出來到玉米田裡。這麼多乘客生還，根本就是個奇蹟。

事發後幾個星期，國家運輸安全委員會在調查中讓資深機組人員進入模擬器，重現二三二號班機所面臨那個失去所有液壓系統的時刻。他們一共做了二十八次模擬。在這二十八次模擬中，飛機還沒靠近蘇城就都螺旋式地翻滾，墜毀在地面上。

這一切都突顯了一項不尋常的事實：二三二號班機機組人員得以成功，不是因為他們的個別技能，而是因為他們能夠將那些技能結合成更龐大的智慧。他們所展現出一連串微小、謙虛的交流——**有誰知道怎麼處理？告訴我，要怎麼幫忙？**——可以開啟團體表現的能力。正如我們即將要學習的，關鍵在於願意去做違背我們所有本能的特定行為：分享脆弱。

到目前為止，本書都在探索成功團隊如何打造出歸屬感，你可以稱這些部分為「黏著劑」。現在我們要來檢視，成功的團隊如何將連結轉化為令人信任的合作關係。

當具有高凝聚力的團隊在行動時，會有許多流暢、具信任度的協作。這通常會在團隊遇到棘手的阻礙時出現，例如海豹部隊擬定訓練課程的方向，或是即興喜劇團隊摸索一齣幽默短劇的樣貌等。在沒有溝通或規畫的情況下，團隊以整體的方式行動與思考，在阻礙之中找到出路，就好像魚群全都被同一個大腦連結著，在珊瑚礁中找到方向一樣。那畫面美極了。

然而如果仔細觀察，我們也會注意到其他的細節。在這片流暢與順利之中散落著一些不太美麗的時刻。這些時刻很沉重、笨拙，而且充滿難題。人們會極度緊繃，因爲他們需要面對嚴厲的回饋意見，並要一起努力辨識出到底情況爲何。這些時刻並不是突發的，而是刻意設計出來的。

在皮克斯，那些令人不舒服的時刻發生在他們稱爲「腦力信託」（BrainTrust）的會議中。這種會議是皮克斯用來評估與改進正在發展階段的電影的方式（每部電影都經過大約六次定期的腦力信託）。會議成員是該電影的導演與一些退休的導演與製作人，他們會一起觀看該電影的最新版本，並提出坦率的意見。腦力信託會議遠看像是例行的聚會，但近看則更像是一個痛苦的醫療過程——精確地說，是在進行一場高度精細的解剖手術，以突顯、說出與分析該電影的缺點。

腦力信託會議一點都不好玩，導演會被告知他們的角色缺乏靈魂、故事情節令人困惑、笑話很無聊，但這也是讓電影變得更好的時刻。皮克斯總裁艾德文．卡特姆說：

「腦力信託是我們至今所做過最重要的事，它依賴完全誠實的反饋意見。」

腦力信託在節奏與風格上，有點類似二三二號班機駕駛艙裡的氣氛。其中包含通知壞消息的穩定訊息流，和一些龐大、令人害怕的問題：**有誰知道怎麼降落這個東西？**參與者大多會得知該電影在當時還行不通，因此會議中大部分時間他們都眉頭深鎖。「我們所有的電影剛開始都很糟，」卡特姆說，「腦力信託是我們想清楚它們爲什麼很糟，也是它們開始變得不那麼糟的時刻。」

在美國海豹部隊中，這樣令人不舒服的開誠布公，發生在行動後的檢討時間。行動後學習（**After-Action Review**）是海豹部隊每次出完任務或是訓練時間結束後，立刻會進行的聚會時間：小組成員放下武器、拿起點心和飲水，開始談話。就像皮克斯的腦力信託會議一樣，他們彼此會指出並分析問題，並且直接面對不舒服的提問：**我們失敗在什麼地方？我們每個人做了什麼？爲什麼那麼做？我們下次在什麼地方會有不同做法？**行動後學習是嚴厲、令人痛苦，並且充滿情緒與不確定性的。

前海豹部隊第六分隊隊員克里斯多福．鮑德溫說：「那並不好玩，有時還會很緊繃。我沒見過大家鬥毆，不過也很接近了。話雖如此，除了任務本身之外，行動後學習可能是我們一起做的最重要的事情，因爲那是我們弄清楚究竟發生了什麼事，以及要如何改善的時刻。」

海豹部隊與皮克斯有組織地產生那些時刻，其他團隊則是用比較鬆散、更有機的方式來進行。紐約的格雷莫西小酒館猶如美食界的海豹部隊，再幾分鐘，惠妮．麥克唐諾就要開始她有生以來第一次的前廳侍者工作。等待用午餐的人在路邊大排長龍，而她則有點興奮、有一絲緊張。

副總經理史考特．萊因哈特走近她——我想是要幫她打氣吧？

但我想錯了。萊茵哈特以他明亮、有穿透力的目光盯著惠妮：「嗯，我們知道今天並不會很完美。我是說，它**可以**完美，但是它不完美的機率非常、非常、非常高。」

惠妮臉上閃過一抹訝異。爲了今天，她已經受訓了六個月，用盡一切努力學習工作上的所有細節，只希望能夠有良好的表現。她從前是後場服務生，在班別輪替中見習旁聽、記筆記。如今她卻被確切地告知，她一定會搞砸。

「所以我們就這樣來看看妳今天是否順利吧。」萊茵哈特繼續說道，「如果妳要求幫忙的次數達到十次，那我們就知道一切順利。如果妳試圖自己攬下來……」他的聲音愈來愈小，但是他的意思很明確——**那就會是一場災難**。

表面上，在皮克斯、海豹部隊以及格雷莫西小酒館出現這些尷尬時刻並不合理。

這些團隊似乎是有意打造既尷尬又痛苦的互動，而那看起來與流暢合作完全相反。然而有趣的是，這些尷尬又痛苦的互動，卻能夠衍生出流暢合作所需要的高度凝聚力和令人信賴的行為。讓我們進一步檢視這究竟是怎麼發生的。

8 脆弱循環

合作與互信的核心基石

想像一下，問一位陌生人以下這兩組問題。

A組：

・你收過最好的禮物是什麼？爲什麼？
・描述你上次養過的寵物。
・你就讀哪一所高中？你的高中是什麼樣的？
・你最喜歡的演員是誰？

B組：

．如果水晶球可以告訴你關於你自己、你的生活、未來或是任何事情的眞相，你會想知道什麼？

．有沒有你長久以來一直夢想著要做的事情？你爲什麼還沒有去做？

．你生命中最大的成就是什麼？

．你上一次唱歌給自己聽或給別人聽是什麼時候？

乍看之下，兩組問題有很多相似的地方，都要你揭露個人資訊、說故事、分享。然而，如果做完全部實驗（完整內容包括三十六個問題），你就會注意到不同之處。第一個不同之處是，當回答完B組的問題，你會感到有點擔心，心跳會加速，會感到更加不自在。你會臉紅、遲疑，而且可能會因爲緊張而發笑（畢竟，要對陌生人訴說你畢生的夢想可不容易）。

第二個不同之處在於，B組讓你與陌生人感到彼此更加親近——據實驗者所言，會比A組多出二十四%的親近度。* A組允許你待在舒適圈，而B組則帶來坦白、不自在與眞誠，可以打破人與人之間的障礙並且暗示他們進入更深的連結。A組帶來資訊，而B組則會產生更有力量的：脆弱。

在某個程度上，我們本能地知道展現脆弱面會引發合作與信任。但是我們可能不知道，這個過程運作起來會有多麼強力與值得信賴。所以傑夫．波爾瑟教授的研究會很有幫助。波爾瑟是哈佛大學組織行爲學教授，大部分的學術生涯都在研究我們社會生活中微小又看似無足輕重的交流，是如何在團隊中創造出龐大的效果。

「人們通常將分享脆弱想成是過度暴露情感，但事實不是那樣的。」波爾瑟說，「那是在傳遞出你有弱點、你需要幫助的清晰訊號。而如果分享脆弱變成其他人的範例，你就可以去除不安全感，並開始工作、信任彼此與幫助彼此。從另一方面來看，如果你從來都沒有過脆弱的時刻，那麼其他人也會掩飾自己的弱點，即使任務再小，都會顯現出不安全感。」

＊這些是由心理學家亞瑟與伊蓮．亞隆開發出來的問題。人際親密度產生實驗（Experimental Generation of Interpersonal Experiment）的完整內容還包括安靜盯著彼此的眼睛四分鐘。最初的實驗由七十一對陌生人完成，有一對後來結婚了（他們邀請整個實驗室的人去參加婚禮）。

波爾瑟指出，脆弱與接收者的關係更大。「接收方是關鍵，他們是否理解並且也展示自己的弱點？或是掩蓋並假裝他們沒有弱點？結果會有很大的不同。」波爾瑟很擅長偵測訊息在團隊中傳遞的時刻，「你會見到人們放鬆下來進行連結，並且開始產生信賴感。成員理解了這個想法並且認爲：『好，這就是我們身處其中的模式。』然後團隊便會依據可以承認弱點並且互相幫助的標準而行事。」

他所描述的互動可以被稱爲「脆弱循環」（vulnerability loop）。彼此坦誠交流，這是合作與互信最核心的基石。脆弱循環從遠處看，好像快速又自發，但是當你仔細觀察，它們是依循同樣的個別步驟：

①甲傳送出脆弱的訊號。
②乙偵測到訊號。
③乙傳送出脆弱的訊號作爲回應。
④甲偵測到訊號。
⑤甲的標準建立；親密度與信任感提升。

仔細回想二三二號班機上艾爾・海恩斯的境況。他身為班機機長，對於想要尋求安心與指引的其他人來說，他是權力與威信的來源。當爆炸導致飛行操控失效時，他的第一本能是緊抓操縱桿並說：「我控制住了！」（後來他說那是「我一生中所說過最愚蠢的話」。）如果他繼續以這樣的方式和機組人員互動，二三二號班機很可能會墜毀。但是海恩斯沒有，他做了困難許多的事：傳遞出脆弱的訊號，告知機組人員他需要協助。只有八個字：

有誰知道怎麼處理？

同樣地，當飛行教官丹尼・費齊進入駕駛艙時，他大可以下指令進行掌控，畢竟他對緊急程序的知識與海恩斯不相上下。但是他做了相反的事：他直接將自己置於海恩斯與機組人員之下，傳遞出他是協助者角色的訊號：

告訴我，要怎麼幫忙？

這些微小的訊號都只需要幾秒鐘就能夠傳遞出去，但卻極其重要，因爲它們改變了整個狀態，讓不同的兩人一致地行動。

近距離檢視這項改變會很有幫助。當上述狀態改變發生後，科學家針對這個改變設計了「給一些的遊戲」：你和一個素未謀面的人都有四個代幣。如果你留下代幣，每個代幣值一美元；如果將代幣給另一人，你給出的代幣就值兩美元。這個遊戲由一個決定構成：你要給另一人多少代幣？

這不是一個簡單的決定。如果你給出全部，最後可能一無所有。大部分的人通常略爲傾向合作，平均給那位陌生人二．五個代幣。有趣的是，當人們的脆弱程度提升幾個等級之後，他們的表現會大不相同。

在一項實驗中，受試者要對一屋子被指示必須保持安靜、喜怒不形於色的人做簡報。他們在實驗後要玩「給一些的遊戲」。你可能會猜想，忍受過艱困經歷的受試者會比較不願合作，但是結果恰恰相反：受試者的合作程度提升了五十％。展現脆弱面的那個時刻不但沒有削弱受試者的合作意願，反而使它增加；反之亦然：增加人們的權力感，也就是稍加改變情況讓他們感覺比較不脆弱，便會大幅度減弱了他們合作的意願。

脆弱與合作之間的關係不只適用於個人，也適用於團隊。東北大學心理學教授大衛．德斯蒂諾進行過一項實驗，他要求參加者在電腦上執行冗長、繁瑣的任務。電腦已被動過手腳，會在任務即將完成時當機。此時，其中一位參加者（他其實是研究者的同謀）會走過來了解問題，然後大方地花時間「修理」電腦，參加者於是得救了，不用再下載資訊。這項實驗之後，參加者玩了「給一些的遊戲」。如你可能預期的，受試者對修復電腦問題的人更加具有合作態度；但是值得注意的是，受試者對全然陌生的人也同樣樂於合作。換句話說，由脆弱循環引起的信任與親近度，可以完全被移轉到只是剛好處在同一房間內的某人身上。也就是說，脆弱循環有感染力。

德斯蒂諾說：「我們以爲信任感是穩定的，但其實大腦無時無刻不在留意四周環境，並衡量是否可以信任周遭的人並與他們產生連結。信任感歸根究柢與環境有關。當感覺自己很脆弱、無法獨力成事、需要其他人幫忙的時候，就能驅動它。」

通常我們會認爲信任感與脆弱之間的關係，就好像是從堅固的地面跳入未知的領域——首先我們建立信任感，然後我們才勇於跳躍。但是科學告訴我們，其實是反過來的。脆弱不是在信任感之後，而是在它之前。當與其他人一起跳入未知領域時，會使信任感的堅實基礎，出現在我們腳下。

你要如何找出放置在全美隱密場所的十個大型紅氣球？

這個問題一點都不簡單，這是由美國國防部國防高等研究計畫署（DARPA）大發異想構思出來的。DARPA的任務是協助美國軍方爲未來科技的挑戰做好準備。DARPA在二〇〇九年十月二十九日宣布這場紅氣球挑戰賽，旨在模仿恐怖主義和疾病控管等現實生活中的困境。挑戰賽提供四萬美元獎金，給確實找出所有氣球的第一個團隊。有人覺得這項任務的廣大與艱鉅——在三百一十萬平方英里內找到十顆氣球——玩得太大了，一名美國國家地理空間情報局的資深分析師還說這是「不可能的」。

比賽宣布後的幾天內，就有好幾百個團隊報名參加，含括了各個領域的頂尖人士：駭客、社交媒體創業家、科技公司以及研究型大學等。大部分的人會使用合乎邏輯的方法：他們製造處理問題的工具，例如架構搜尋引擎來分析衛星拍照技術、利用既存的社交與企業網絡、投入宣傳活動、打造開放資源的智慧軟體，並且在社交媒體上培養搜尋者的社群。

然而，麻省理工學院媒體實驗室團隊卻完全不這麼做，因爲他們在挑戰賽開始的四天前才得知這個消息。由博士後研究生萊利．克蘭領導的一群學生，知道他們已經沒有時間組成一個小組、打造科技或是做任何類似的組織性方法。於是他們建立了一個包括以下邀請訊息的網頁：

當你報名參加麻省理工學院紅氣球挑戰賽小組時，我們會提供你個人化的邀請連結，像是 http://baloon.mit.edu/yournamehere。讓你的朋友使用你的個人化連結來報名。如果你邀請的任何人，或是他們邀請的任何人，或是被邀請的任何人所邀請的任何人（……以此類推）贏得獎金，你也將贏得獎金！

我們提供兩千美元給第一位寄出正確座標給我們的人，不僅如此，我們也將提供一千美元給邀請他們的人。然後我們提供五百美元給邀請這位邀請者的人，以及兩百五十美元給邀請他們的人……以此類推（看看它怎麼運作）。

與其他團隊配置的先進工具與科技相比，麻省理工學院的做法原始得可笑。他們沒有組織性的架構、策略或軟體，甚至連有助於定位氣球的美國地圖都沒有。這不是一個配備齊全的小組，比較像是一封匆忙寫就的懇求信，被塞入瓶子、拋入網路這片汪洋中：「如果你找到它，請幫忙！」

十二月三日早上，也就是氣球挑戰賽的前兩天，麻省理工學院團隊打開網頁。幾小時過去，什麼事都沒發生。然後到了當天下午三點四十二分，人們開始加入。在波士頓最先出現大量報名，然後人數呈爆炸性增加，一路延伸到芝加哥、洛杉磯、舊金山、明尼亞波利斯、丹佛、德州等，甚至包括歐洲。以縮時攝影來看，報名的擴散情形就像是巨大神經元系統的即時連結一般，每小時都有數百名新血加入這項工作。

十二月五日早上十點整，DARPA將氣球放置到隱密的位置，從舊金山市中心的聯合廣場到德州休斯頓的棒球場，再到德拉瓦州克里斯蒂娜附近的一處林地公園。有成千上百個隊伍加入這項活動，活動設計者做好長久等待的準備——他們預估，任一小組至少要花上一週時間，才能找出所有的氣球。

不過這個挑戰賽在八小時五十二分鐘四十一秒之後就結束了。麻省理工學院團隊在四千六百六十五人的協助下找出了所有的氣球。DARPA的活動設計者彼得．李說：「這麼微薄的獎金，居然引來排山倒海般的參與。」麻省理工學院團隊原始、臨陣磨槍、瓶中信般的方式，打敗了配備精良的隊伍，打造出快速、積極的團隊合作。

理由很簡單。其他隊伍使用合乎邏輯的獎勵訊息：**和我們一起參加這個活動，你可能會贏錢**。這個訊息聽起來很激勵人心，但是它並沒有眞正地鼓勵合作；事實上，剛好相反。如果你告訴別人這項搜索工作，你會稍微降低自己贏得獎金的機率（畢竟如果其他人找到了氣球而你沒找到，他們就會獲得全額獎金）。這些隊伍要求參加者展現脆弱，自己卻保持不受傷害。

相反地，麻省理工學院團隊則發出了自己脆弱的訊號，保證與找到氣球相關的每個人都能分享獎金。這提供了人們一個機會，讓他們找來朋友，以及讓朋友找來**他們的**朋友，打造出脆弱的網絡。麻省理工學院團隊沒有告訴參加者應該做些什麼或是如何做，他們只是給出網頁連結，然後讓人們按照他們的心意去做。而結果顯示，人們的心意就是與其他人產生連結。每一個邀請都創造出另一個邀請合作的脆弱循環：**嘿！我在參加這個瘋狂的活動，而我需要你的幫助**。

換句話說，在合作中帶來改變的，不是一個人找來多少人，或是他們搜索氣球的科技有多好；這與特定個人一點關係也沒有，而是與人們在打造共享風險的關係上有多大的效益有關。紅氣球挑戰賽並非眞的是一項科技上的競賽。就像所有尋求創造合作的努力一樣，它其實是一項分享脆弱的比賽。

紅氣球挑戰賽的故事讓我們感到驚訝，因爲我們大部分人都直覺認爲脆弱是要隱藏起來的。但是科學顯示，在打造合作關係這件事情上，脆弱不是風險，而是心理上的必要條件。

「團隊眞正想追求的是什麼？」波爾瑟問，「我們可以結合自己的優勢，以互補的方式運用我們的技能。展現出脆弱，可以去除干擾，讓大家一起完成工作，而無須擔憂或遲疑。它讓我們以一個整體來行動。」

與波爾瑟和其他研究信任感的科學家談過之後，我開始在參訪的場所中見到脆弱循環。有時候循環是微小、快速的交流。一位職棒教練在開季致詞對球員說：「今天對你們致詞讓我感到很緊張。」而球員以帶有同情的笑容回應：他們也很緊張。有時候循環是以實質物體的方式呈現，例如美國商業數據與專業分析公司鄧白氏所建造的失敗牆，人們可以在那面白牆上分享他們事情沒做好的時刻。

有時候循環是看似脆弱的領導者的習慣，例如蘋果創辦人史蒂夫·賈伯斯喜歡在對話開頭這麼說道：「我有個愚蠢的想法。」（蘋果資深設計副總裁強納森·艾夫在他回憶賈伯斯時說：「有時還眞的是那樣，眞的很愚蠢。有時候眞的糟透了。」）每一個脆弱循環都不同，然而它們共同享有一個深層的模式：承認局限，敏銳地意識到團隊努力的本質。這項被送出的訊號是相同的：**你在這裡是有作用的。我需要你**。

「這就是爲什麼好的團隊通常會一起做很多極端的事情。」德斯蒂諾說，「經常展現脆弱讓他們可以更豐富、更可靠地評估信任的程度，並且讓彼此更加親近，所以團隊就可以冒更多的風險。它建立在自身之上。」

合作機制可以總結如下：**我們通常會很想要避免的分享脆弱，恰恰是建立信任合作的途徑**。這個觀念很有用，因爲它讓我們一瞥團隊合作的機制。合作不是憑空而降的，它是依據特定、重複的互動而鍛鍊出來的，而這個模式永遠相同：一群人一起展現脆弱，從事具有風險、偶爾令人痛苦、最終獲得報償的循環。

更直接地說，脆弱循環的觀念很有用，因爲它有助於解釋世界上看似迥然不同的連結。例如，爲什麼特定的喜劇團體如此成功？世界上最有名的一群珠寶大盜是如何組織的？搬運一塊非常沉重的木頭，對於打造世界上最厲害的特種部隊又有什麼用？

9 超級合作者：海豹部隊、正直公民喜劇團與粉紅豹

考夫曼的信任機器

讓海豹部隊如此出類拔萃的特點之一，是他們結合了祕密行動與適應性。他們可以在完全靜默的狀態下，精準地穿越複雜又危險的地形。這也是爲什麼海豹部隊會被選上執行狙殺賓拉登、拯救被索馬利亞海盜劫持的快桅阿拉巴馬號船長理察·菲利普斯，以及數千件較不爲人知但都具有同樣風險的任務的原因。海豹部隊將這些技巧的結合稱爲「街頭鬥牛」（pickup basketball）。就像任何鬥牛比賽的隊伍，他們不需要講太多話或是遵守某些既定的計畫，他們只管比賽。

「我們曾經和美國陸軍遊騎兵組隊進行任務，」一位前海豹部隊第六分隊的指揮官告訴我，「『遊騎兵』是陸軍的特種部隊，『遊騎兵指揮官和我一起（在鄰近的基地）觀察任務的影片（無人機攝影）。他全程都在用無線電和他的手下通話。他講話、下指令：『做這個！』『注意那邊！』他就像是在場邊大吼大叫的教練。當他注意到我一個字也沒說時，露出難以置信的表情，好像在說：**你爲什麼都不告訴你的手下該做些什麼事呢？**這實在令我感到震驚。我們雙方人馬都在進行同樣的任務，他全程都在說話，而我們卻一句話也沒說。而我給他的答案是：**因爲我們不需要**。我知道我的手下會自行解決問題。」

在軍事圈內，其他人對海豹部隊爲何如此擅長街頭鬥牛，有幾種理論。有人歸因於汰選的嚴苛，只有極少數人能通過心理、情緒與身體的考驗而出線，登上金字塔頂；其他人則歸因於海豹部隊成員的高素質，以及他們追求自我進步的堅韌性格。

這些理論都說得通，但是並不完整。舉例來說，美國陸軍三角洲部隊的訓練一樣困難，挑選成員的標準更加嚴格（海豹部隊的退訓率是六十七％，三角洲部隊卻高達九十五％）；另外，其他單位的特種部隊也都在招募高素質的人才，也很著重嚴酷的訓練。那麼海豹部隊爲什麼會有這麼好的整體表現？爲了挖掘這個問題的答案，我們追溯到一位身材瘦削、患有近視、個性無比頑固，一度還未能獲准在海軍服役的軍官德萊普．考夫曼。

考夫曼生於一九一一年，是傳奇海軍上將詹姆斯．「狂暴」．考夫曼之子。考夫曼小時候就非常清楚大人要他怎麼做，而他往往會反其道而行，現代心理學家會說考夫曼是有對立性的孩子。五歲時，考夫曼因爲在外面逗留得太晚而惹了麻煩，他居然跟她母親說：「快點打我屁股懲罰我吧，我還想趕快再出去外面玩。」他父親斥責考夫曼學業成績平庸是因爲他懶惰，他還是在一九三三年從美國海軍學院畢業。但是由於近視使他無法成爲軍官，考夫曼只好退出軍隊，到航運公司上班。

考夫曼在二次大戰逼近時離開了這家公司，並自願擔任美國志願救護隊的駕駛。他的父母和姊妹擔心他的安危，都寫信要他三思，考夫曼卻主動要求調去最危險的前線：希特勒集結部隊侵犯法國之處，也就是馬奇諾防線的北境。一九四〇年二月，考夫曼抵達那裡不久，戰爭便爆發了。

考夫曼的第一份工作是駕駛救護車在戰場上搶救傷患。他其實還沒準備好面對戰爭中的混亂景象。「如果早知道那會是什麼樣子，我絕對不會做這份工作。前方路上有那麼多的砲彈……我唯一的本能就是能開多快就開多快，這讓我差點就出了意外。

我們將傷者轉到另一輛救護車上送回醫院，我回到駕駛座坐下，渾身顫抖不已。」

大約在那個時候，他遇到了一群法國軍人，他們擁有考夫曼不具備的所有特質。這些人是自由軍團（Corps Franc），其工作是潛入敵軍後方、擾亂通訊、援救俘虜，並在暗中搞破壞。他們以小組行動，每一組都攜有輕軍火與炸藥。考夫曼對他們有如兄弟般的同袍情誼感到驚訝，那遠遠超過他在美國海軍學院看到的一切。他在給家人的信中如此寫道：「你要麼是被自由軍團接受，要麼就是不被接受，兩者天差地別。他們會爲你做任何事。如果隊中有一人中了陷阱，其他五人會爲了救出受困的隊友，與五十名德軍對抗。」

在那六個星期間，考夫曼每日每夜都與自由軍團相處在一起，親眼見到他們在夜晚向死者致敬的儀式，以及他們在面對敵軍戰火下的冷靜。「情勢艱難時，你會很快就誠摯地稱一個人爲朋友。」他寫道，「這種感受，在我於戰場上救起軍隊成員托萬那天達到極點。托萬的半邊臉都不見了，一隻手臂被子彈射到殘缺不全，左腳也不見了。我們將他送到緊急救援站安置時，我都快要崩潰了，他還用剩下那隻完好的眼睛一直對我眨眼，用他完好的那隻手緊抓著我的手。」

馬奇諾防線被占領之後，考夫曼前往英國，並自願參加英國皇家海軍後備隊的炸彈拆除小組。他在一九四三年六月回到美國，加入海軍後備隊。

當軍中得知這個瘦削的上尉具有拆除炸彈的技能，便將考夫曼送往佛羅里達州的皮爾斯堡，指派他選訓一批水下破壞部隊，以滲透法國和北非沿海的德國防線。海軍本來期望考夫曼會遵循他們訓練特別部隊的步驟：在軍官的監督下，花幾個星期進行程度適中的選訓工作。但他卻不這麼做，考夫曼決定要打造一支自由軍團。

首先，考夫曼創設了一個叫「地獄週」的訓練，那是個爲期一週的汰選計畫。這個訓練就像馬奇諾防線，充滿了痛苦、恐懼與困惑，其中包含了四英里長的開放水域游泳、障礙賽、徒手戰鬥訓練、十英里長跑、少得可憐的睡眠，以及一項奇怪的操練——舉電線桿，他曾經親眼見到英國的突擊隊員用這種訓練來鍛鍊自己的力量與團隊精神。撐過地獄週的人（一個班上約有二十五至三十五％），需要再經過八到十週的專業培訓，讓他們學習與磨練在戰場上會使用到的精進技巧。

其次，考夫曼下令，每個訓練都必須以小組爲單位。團隊以六人（符合海軍規定的橡膠筏人數）爲一組，訓練期間都待在一起。每一個小組都必須能夠在不依賴中央指揮的情況下，自行繞過或穿越任何障礙。

第三，考夫曼消弭了軍官與士兵間的階級分野。不論位階高低，每個人都要接受訓練——包括考夫曼自己。第一個受訓班的士兵看了一眼這位笨拙又近視的指揮官，心裡都這樣想著：這傢伙絕對不可能做得到。但是考夫曼證明他們都錯了。

第一個破壞班的成員丹．狄隆寫道：「我們一直都在測試（考夫曼），但是我對他的尊敬卻是與日俱增。其他軍官只會告訴你要做些什麼，但他們自己卻不那麼做。這個人……他會問你的想法。如果你的建議好，他就會採用……而且他全程參與……我們做的那些最骯髒、最痛苦的工作，他都和我們一起做。我們如何能不尊敬他？」

從考夫曼的臨時培訓計畫結業的團隊，自一開始、從奧馬哈海灘到太平洋，都取得了成功。一九六〇年代，當甘迺迪總統擴展美國非常規作戰的能力時，考夫曼的培訓計畫便被當成海豹部隊的範本，至今仍然如此。這一切加在一起，指出了一個不尋常的情形：這個世界上最先進、最成功的軍事部隊，居然是由一個過時、原始、全然不科學的計畫所打造出來的，而這個計畫的本質自一九四〇年代後就沒有改變過。

「我稱它是『無意識的天才之舉』。」一位海豹部隊訓練軍官告訴我，「打造初始培訓計畫的人不完全了解**爲什麼**這是建立團隊的最佳方式，但他們知道這**是**最好的方法。現在要回頭做出改變非常容易，但是我們不會這麼做，因爲我們對結果感到很滿意。」

如果來到海豹部隊的訓練現場，你會發現考夫曼的電線桿被堆放在維吉尼亞與科羅拉多海灘上的海豹部隊障礙訓練場附近的沙丘上。這些電線桿看起來像是建築工程的剩餘材料，但對海豹部隊的指揮官而言，它們可是相當神聖的。海豹部隊指揮官湯姆．弗里曼（化名）說：「段木體能訓練（Log physical training）是一切的基礎，它緊扣著每一份演進的本質，因爲它和團體合作息息相關。」

段木體能訓練並不複雜，基本上是由六名海豹部隊受訓者，一起進行幾項看似艾美許人在搭建穀倉時合力搬運木材的動作：他們舉起、攜帶、滾動木材，將木材從一邊肩膀移動到另一邊，再推到腳上。他們懷抱著木材做仰臥起坐，再打直手臂將段木舉到頭上長時間站立。沒有策略、技巧或是思考。段木體能訓練之所以與衆不同，在於它能夠傳遞出兩種情況：密集的脆弱感與深度的相互連結。讓我們逐項來探討。

首先，脆弱面。以海豹部隊的話來說，你不是在做段木體能訓練，而是**接受**段木體能訓練。在海豹部隊各種痛苦的訓練中，段木體能訓練帶來的痛苦是至高至純的。弗里曼說：「當教官要你在三十分鐘內到障礙訓練場集合，你就會知道：『慘了，要接受段木體能訓練了。』他們先讓你吃午餐，讓你有時間提振精神並感到害怕。最糟的就是這種預期的心理。九十分鐘的操練才剛開始三十秒，而你的肩膀已經感到在燃燒，但是你知道還要再熬一個半小時。」

第二，相互連結。段木的重量（約二百五十磅）和長度（十英尺）讓它有巨大的慣性，每位隊員都必須在正確的時間運用正確的力度，才能夠協調地施作。能夠做到這一點的唯一方式，就是密切注意其他隊員。在概念上，這就像是要試著單手轉動指揮棒：如果你的拇指和其他手指在恰當的時間共同運作，做起來就很簡單；但只要其中一隻手指的時間點沒有抓好，即使只差了一秒，也會失敗。這就是爲什麼體能較差但是同步工作的團隊可以成功通過段木體能訓練，而較強大的團隊卻可能身心都遭到失敗的原因。

上述兩個條件結合，會傳遞出一種非常特殊的感覺：脆弱與相互連結的相遇點。你處於無邊無際的痛苦之中，離你的隊友僅幾英寸之遙，近得你感覺得到他們的呼吸噴在你的脖子上。當隊友絆倒或失誤時，你可以感覺得到；而且你知道當自己也出現同樣的情形時，他們也感覺得到。這一切代表著一個選擇：你可以專注在自己身上，或者你可以專注在小組與任務上。

段木體能訓練做得不好時，段木會掉落滾動、受訓者彼此爭吵，而且情緒高漲。段木體能訓練做得好時，看起來則是流暢安靜的——但這是一個假象，因爲在流暢安靜的表面下，有溝通正在發生。它以近乎無形的方式在交流：有人變弱，他身旁的其他人調整施力，以保持段木的平衡與穩定；有人手滑，隊友立即會彌補這份落差。對話透過段木的纖維，來來回回進行著：

①一名隊友絆倒。

②其他人感覺到了，爲了團隊而多承受一份痛苦來回應。

③重獲平衡。

託德萊普·考夫曼的福，這份脆弱與相互連結的交流得以編入海豹部隊訓練中的每個面向，如鐵的紀律般獲得尊崇。每件事都由團隊完成。受訓者必須隨時留意其他人；沒有比忽視其他人更嚴重的罪過了。在救生艇操練中，受訓者會持續改換姿勢與領導者。跑步訓練的時間是有嚴格限制的，但是教官會爲因爲幫助隊友而慢下來的人降低標準，讓他通過，因爲他們更加看重爲了團隊而願意犧牲自己的舉動。

弗里曼說：「我們重視細節。我們透過每次的演進來探查團隊合作的時刻。我們相信，如果你將許多機會湊在一起，你會開始明白誰是好的隊友。它會在最奇怪的時間出現。例如，假設他們跑得太慢，而教官正準備要訓斥他們。有誰會催促大家跑快一點？還是有人會停下來說：『反正我們因爲跑得太慢要被訓斥了，不如休息一分鐘調整一下狀況，這樣我們可以完全準備好再重新出發。』第二個人身上有我們要的東西。我們要和這樣的人共事，因爲他不只想著自己；他是想著整個隊伍。」

這樣看來，海豹部隊中的高度協作是必然的。他們合作良好，是因爲考夫曼的培訓計畫產生了數千個建立緊密度與合作的微小活動。「它不只是團隊合作，」弗里曼說，「你敞開自己。小組裡的每個成員都知道你是誰，因爲你把自己全部攤開在桌面上。而且如果你做得好，藉此建立的信任程度會比其他任何地方都高出許多。」

黑裸劇的力量

一九九九年的一個傍晚，《週六夜現場》製作人洛恩·麥可斯離開他紐約西六十九街的豪華公寓，前往南方切爾西區的一處破舊地方。他走進一間六十人座的劇場，那裡幾個月前還是間全裸脫衣舞俱樂部。空氣中散發著令人難以分辨的味道，後門入口的大型垃圾車裡傳出老鼠竄動的聲響。這家劇場由於違反消防法規，三年內就要關閉了。但是這天晚上，麥可斯心無旁騖，前去發掘有才能的人。

麥可斯在喜劇圈的地位就像是一名蘭花蒐藏家：他尋找、發現並蒐集最好的品種。在過去，他在他的家鄉多倫多、芝加哥的即興喜劇劇團 Second City 和 ImprovOlympic 等，找到許多才華洋溢的高手。而最近幾個月，出現了一種新的喜劇類型：聰明、無畏，由高度的語文智商與粗獷的創造力所組成的團體。它們以驚人的速度在娛樂圈中擴張版圖，其中的一些先鋒曾演出以及／或是撰寫過《我們的辦公室》《每日秀》《超級製作人》《扣扣熊報告》《公園與遊憩》《廢柴聯盟》《康納秀》《阿奇與阿皮》《大城小妞》《開心漢堡店》《俏妞報到》《聯盟》《女孩我最大》與《副人之仁》，還有《銀幕大角頭》《王牌飆風》《魅力四射》和《伴娘我最大》等影視作品。他們稱自己是「正直公民喜劇團」（Upright Citizens Brigade）。

麥可斯認爲，正直公民喜劇團的深度令人讚嘆。大部分的即興團體只有少數具有水準，正直公民喜劇團卻擁有數十個全部具有精湛表演技巧的團隊。乍看之下，正直公民喜劇團與 Second City、ImprovOlympic 或是其他喜劇團體沒有太大的不同：他們都受到已逝的傳奇喜劇演員戴爾・克羅斯的影響；都有提供課程培訓新人；共享打破疆界、凡事皆可的美學。事實上，唯一可以辨別出的不同之處，在於正直公民喜劇團幾乎是獨家使用一種奇特而又困難的即興遊戲：黑裸劇（Harold）。

大部分的即興遊戲都建立在簡單與速度上，它們因應觀衆的即時反應而創造出簡短的速寫作品。但是黑裸劇之所以與衆不同，是因爲它既冗長又複雜——它需要由八個人演出，包含九個互相夾纏的場景，演出時間長達四十分鐘；這在患有注意力缺乏失調症的即興劇世界中算是天長地久了。黑裸劇既難教又難學，也經常以驚人的失敗告終。戴爾．克羅斯生動地將一齣成功的黑裸劇比喻爲：看一群人同時跌下樓梯，再自己站起來。然而，人們絕大多數就只是滾下樓梯而已。

黑裸劇的結構如下：

- 團體開場。
- 第一輪：場景1A、1B、1C（每個場景兩人）。
- 團體遊戲。
- 第二輪：場景2A、2B、2C。
- 團體遊戲。
- 第三輪：場景3A、3B、3C。

不要擔心跟不上，就某方面來說這正是重點，因爲在黑裸劇中，你必須與另外七人一起想出相互連結的場景；如此，所有的「A」場景都可以相互連結，所有的「B」場景也都可以相互連結，以此類推。你需要密切注意正直公民喜劇團稱之爲「遊戲」的部分，或說是每個場景的喜劇核心，然後在腦海中捕捉那些線索，在建立新的連結時，也同時喚出之前建立的連結。

其他喜劇團體只會偶爾演出黑裸劇，但是正直公民喜劇團卻執著在黑裸劇上。他們不僅有黑裸劇團、黑裸劇之夜、黑裸劇課程、黑裸劇競賽以及黑裸劇練習等活動，還致力學習分析黑裸劇的每個元素。劇場裡的牆壁都貼上了最棒的黑裸劇團的照片。一位評論家說，正直公民喜劇團與黑裸劇的關係，大致就像天主教堂與彌撒的關係。這呈現了一個耐人尋味的情形：由於花費大量時間做一件主要會產生痛苦與尷尬的活動，正直公民喜劇團成了世界上最有凝聚力的喜劇團體。

爲了發掘出更多眞相，我參加了正直公民喜劇團在切爾西區西二十六街新劇場（不臭而且沒有老鼠）的黑裸劇之夜。我找到一個座位，然後開始和旁邊的人聊了起來。這位女士名叫薇樂莉，跟其他觀衆一樣報名了黑裸劇課程，希望有一天可以進入黑裸劇團。她不是來被娛樂，而是來學習的。薇樂莉說：「我大部分時間都在看他們的技巧，看他們如何在壓力之下回應。我正在磨練我的反應，試著用眞誠且不帶舊有習慣的方式來回應。」

戲劇開始了：有三個小組，每一組演一齣黑裸劇。每一齣黑裸劇後，薇樂莉都會快速爲我分析。眼前這齣黑裸劇是一個戴著耳機的女人在地下鐵高唱愛黛兒的歌。結束後薇樂莉輕聲說道：「太過封閉了。她沒有留給其他人進行連結的空間。她開了一個玩笑，然後讓其他人不知何去何從。」

「太直接了。」薇樂莉在第二齣黑裸劇之後低聲說道。這齣黑裸劇的內容是有人工智慧的咖啡機引誘老闆的女朋友。薇樂莉解釋說，一齣好的黑裸劇不會封閉在同樣的故事空間中，而是允許演出者跳躍進入瘋狂的不同情境。

「這齣很棒。」第三齣是有關一個吸血鬼、一個度假的家庭和一對生出一個仿眞性愛玩具的夫妻的故事。薇樂莉小聲說道：「他們確切地彼此支持。你有沒有看到他們有些人就只是讓事情自行發展而沒有太過干涉？我很喜歡這樣。」

當戴爾．克羅斯在一九七〇年代發展出黑裸劇時，他寫下以下的規則：

①大家都是配角。

②永遠要檢視你的衝動。

③只有在你被需要時才進入場景。

④解救你的同場演員，不要擔憂小事。

⑤你最基本的責任就是給予支持。

⑥永遠善用大腦思考。

⑦絕不屈尊或是俯就於觀眾。

⑧不開玩笑。

⑨信任。信任你的同場演員會支持你；信任他們在你給予沉重包袱時有能力解決；信任你自己。

⑩除了是否需要幫助、最好要遵循什麼、當需要你的時候自己能夠提供什麼具有想像力的協助等外，不要妄加批評。

⑪**傾聽**。

每一項規則都在引導你壓下會讓你成爲注意力中心的自私本能，或提醒你服務同場的演員（**支持**、**解救**、**信任**、**傾聽**）。這就是爲什麼克羅斯的規則會這麼難遵守，在建立合作關係上又這麼有用的原因。黑裸劇將你放在觀衆面前，然後要你違反腦海裡的每一項自然本能，將自己無私地奉獻給團隊。簡單來說，這堪稱是喜劇版的段木體能訓練。

「你必須放下對風趣、對成爲事物中心的需求。」前正直公民喜劇團藝術總監奈特．鄧恩說，「你必須能夠赤裸、無話可說，好讓大家可以一起發現事物。他們說腦袋應該要空白，但是那樣說不太正確。他們應該是要敞開。」

正直公民喜劇團如同運動般地活用黑裸劇，也是很獨特的情況。這也反映在他們的遣詞用字中。他們有教練，而不是導演；有練習，而不是排演；而且每一齣黑裸劇之後，都有很像是「行動後學習」或「腦力信託」會議一般的熱烈反饋時段。鄧恩說：「有些很正面，但是大部分是偏向在批判。像是：『你沒有傾聽同場搭擋的想法。』或：『你壓過了同場搭擋而沒有讓他們有所貢獻。』確實很激烈。身爲一名表演者，這些批評是很嚴厲的，因爲你已經知道你演得不好，然後你的教練還要告訴你所有做不好的地方。」

紐約正直公民喜劇團學術監督凱文．海因斯說：「在其他的即興劇團中，你可以靠魅力過關，但在黑裸劇不行。它完全不留情面。這也是爲什麼在這裡成功的人，常常是極其努力的工作狂。」

換句話說，黑裸劇是集體腦力鍛鍊，你會在其中一而再、再而三地體驗到脆弱與相互連結既痛苦又純粹的交集。如此看來，正直公民喜劇團在舞台和銀幕上的卓越表現並非偶然。這是由成千上萬個微小的事件、成千上萬次人與人之間激增的互動所產生的。這些團隊不是天生就有凝聚力，而是因爲他們一小塊一小塊地建立了共享的心智力量，以進行連結與合作。

「他們用一個腦在思考」

二〇〇〇年左右，世界上最豪華的珠寶店開始被一種新型態的強盜盯上。這些強盜在光天化日之下出現在最時髦的購物區，並在滿是監視器的情況下行搶。他們的行動模式通常一模一樣：穿得像是有錢的消費者，進入店家，然後用榔頭敲破珠寶櫃，只取走最有價值的珠寶。搶劫都經過精心策畫並完美執行，大多會在四十五秒之內完成。有時這些強盜對警衛與顧客過於粗魯，但他們通常不願進行槍戰，而且逃離現場的方式都很有創意。在倫敦，他們由司機駕駛賓利汽車載他們脫身；在東京，他們卻是騎著腳踏車離開現場。一位犯罪學家甚至說他們的所作所爲具有「藝術性」。搶匪很年輕，據說來自塞爾維亞及其西南的蒙特內哥羅共和國，和部分戰火頻仍的前南斯拉夫。警方稱他們爲「粉紅豹」。*

- 二〇〇一年的巴黎：假扮成工人的粉紅豹，用噴槍融掉法國頂級珠寶和腕錶製造商伯爵旗艦店窗户的防護外層，然後敲碎窗户，帶走價值一千五百萬美元的珠寶。
- 二〇〇五年的東京：佯裝成有錢顧客的粉紅豹，用辣椒噴霧癱瘓警衛，帶走價值三千五百萬美元的珠寶。
- 二〇〇五年的法國聖特羅佩：穿戴草帽和花襯衫的粉紅豹，闖入一家濱水區商店，拿走價值三百萬美元的珠寶，然後乘著快艇離開。
- 二〇〇七年的杜拜：四名粉紅豹駕駛兩輛租來的奧迪汽車闖入瓦菲購物中心，開車撞碎英國珠寶品牌格拉夫珠寶店的大門（他們事先讓汽車安全氣囊失效，所以撞擊時不會啓用），帶著價值三千四百萬美元的珠寶離開。

·二〇〇七年的倫敦：四名男性粉紅豹裝扮成中年女性，穿戴假髮與昂貴服裝，搶劫珠寶名店海利·溫斯頓，帶走價值一億零五百萬美元的翡翠和糖果一般大小的鑽石。

當你檢視這些搶案的監視錄影帶時，每個影片都會顯示出一個天衣無縫的環節。粉紅豹像流水般在商店中來去自如；他們動作協調、冷靜又專注。他們不看彼此；但都知道該去哪裡、該做些什麼。他們冷靜、精確地揮舞榔頭、掃過破碎的玻璃後，熟練地拿出鑽石，然後像幽靈一樣離開。

有關當局對另外一件事也感到很訝異：當粉紅豹的成員罕見地遭到逮捕時，他們原可以要求擔任汙點證人，並以此脫身，然而他們彼此之間卻似乎有著真誠的連結。二〇〇五年，一群應該是粉紅豹同夥的人，利用梯子、來福槍和鐵絲鉗闖入監獄，救

＊這個名字來自二〇〇三年一場倫敦搶案，警察發現被盜走的鑽石藏在一個面霜罐裡，這個計謀因為一九七五年的電影《妙探長巧取粉紅豹》而聞名。

走了一位名叫德拉甘．米基奇的粉紅豹。如一位檢察官所說：「這些人不在乎坐牢。他們知道他們可以逃脫。」也如一名評論家所說的：「他們用一個腦在思考。」

粉紅豹的惡劣名聲日漸為人所知，人們開始對這些人的身分以及他們的組織方式感到好奇。一般認為他們是曾經參加過南斯拉夫戰爭的退役軍人。有人認為粉紅豹是一個叫做阿爾坎之虎的準軍事單位的前任成員，這個惡名昭彰的團隊是為南斯拉夫政治強人斯洛波丹．米洛塞維奇工作。也有人認為粉紅豹以前是塞爾維亞的特種部隊。

無論他們來自何處，毫無疑問的是：他們曾經是由某位中樞人物指揮與控制的軍人。正如希臘財務犯罪處副處長喬治．帕帕斯法奇斯對記者所說：「的確有某人在塞爾維亞境內操控，而有某人在傳授與教育這些年輕成員。」這情節有如驚悚電影一般：一個秘密的全球組織，由退役的特種部隊成員所組成，在他們魔鬼司令的號召下，變身為超級罪犯。這種說法有其道理，因為我們通常會認為像粉紅豹那樣毫無失誤的精準協調，需要特別的訓練、強大的領導以及集中化的組織管理。

這個理論很完美，但卻是錯誤的。警察與記者的調查逐漸顯露出令人驚訝的事實：粉紅豹是由中產階級、前運動員與小型犯罪者組成的，其中有塞爾維亞國家籃球隊的年輕隊員，也有人讀過法學院。他們自我集結、自我管理、自由行動。其共同點是：

都在地獄般的戰爭中存活了下來、依據本能的行動、堅定的友誼，以及都覺得自己已經沒有什麼好失去的東西。

「他們大部分是在三個城鎮中一起長大的朋友。」拍攝BBC紀錄片《搶劫：粉紅豹的故事》，揭露了這個故事的英國女導演哈瓦納．馬金說，「先是在共產政體下生活，接下來是不受控的戰爭，這些惡夢般的經歷讓他們之間產生了連結。他們一開始大多透過走私謀生。他們在那些環境中一起工作，但不是爲了錢，而是爲了生存。他們學會僞造文件以溜過邊境，也學會其他的詭計。他們沉迷於腎上腺素與行動。要知道，在巴爾幹半島，犯罪可說是家常便飯。如果巴爾幹半島上的磨難從未發生過，那些人很可能已經成爲企業家、律師和記者了。」

每一個小組都以定義明確的角色爲中心而成立。其中有探測地點的「誘惑者」札沃尼克（*zavodnik*，通常是女性）；有負責取得珠寶的馬加利（*magare*）；也有安排運輸的加塔克（*jatak*）。雖然每個小組各有其領導者，但是他們不會下命令，而是依據一名粉紅豹曾向馬金解釋過的簡單規則在操作：「我們依靠著彼此。」

粉紅豹每次準備搶劫時，他們便開始相互依靠。每個組員（一個小組成員不會超過五或六名）到城裡收集目標商店的資訊。他們爲了精心規畫而一起生活、工作好幾個星期。他們勘查地點、追蹤員工的來去形跡，畫出商店內部的地圖並標示出最有價值的珠寶。更有意思的是，每個粉紅豹都要共同分擔計畫搶案的成本（金額並不小，如東京搶案的初期成本就要十萬美元）。他們不依賴任何外部的組織架構或安全網，他們本身**就是**組織架構。如果有任何一個人失敗，整個團隊就會失敗。

換句話說，粉紅豹有點像是演出黑裸劇的喜劇演員，或是做段木體能訓練的海豹部隊成員——小組以持續的脆弱與相互連結來解決難題。一名叫做里拉的粉紅豹告訴過馬金：「我的一個失誤就會導致他們的失敗。如果我在某個地方出了錯，他們就完了。」

馬金訪談過曾待過同一個小組，但已有好幾年沒有見過彼此的兩名粉紅豹男女成員。她看著他們互動的樣子。「他們很久沒有見過彼此，但是很高興能見到對方，」馬金說，「他們有很好的友誼而且似乎真的很親近。當兩個人相處時能夠完全放鬆，你是可以感覺得出來的。在他們身上你就可以感受得到。」

10
在小團體中建立合作關係：海豹部隊的「行動後學習」

如果你想要尋找世界上績效最高的團隊，很可能會在某個時刻來到維吉尼亞州的水壩頸（Dam Neck）地區，那裡是德萊普．考夫曼的後輩，也就是美國海豹部隊第六分隊三百名成員所在的基地。而如果你詢問現任與退役的海豹部隊成員：誰是他們最景仰的領導者？你當然會一再聽到幾個重複的名字。但其中最常聽到的名字會是：戴夫．庫柏。

這個答案令人訝異，因爲在第六分隊，戴夫．庫柏並沒有特別突出的天賦。庫柏在二〇一二年退役時，並不是最聰明也不是最強壯的成員。他不是最優秀的射擊手，不是最好的泳者，也不是最擅長近距離作戰的人。但是他剛好最擅長一種曾經難以定義又極具價值的技巧：他最擅長打造最佳的團隊。

前第六分隊隊員克里斯多福．鮑德溫說：「庫柏很有智慧。他曾待在戰壕很長一段時間，他不是那種為了升官而往領導層靠攏的人。他就跟我們一樣。他了解更大的遠景，而且你永遠可以和他談話。」

另一名隊員說：「有些高層人士會和他爭論，因為他不會總是遵守規則。但是如果你在他的隊上，你就會明白他為什麼會很有效率。」

還有一名隊員簡潔地說：「庫柏是哥兒們。」

他們告訴我，庫柏如何在波士尼亞、索馬利亞、伊拉克和阿富汗這些海豹部隊稱呼為「充滿動力」（sporty）的地方工作。他們也告訴我，庫柏的小組如何一起良好地工作，而當情勢十分險峻——特別是在這種時候——他們又是怎麼經常成功的。他們說得愈多，我想像中的庫柏就長得更像美式足球傳奇教練文思．隆巴迪和電影裡的超級間諜傑森．包恩的綜合。

然後我和庫柏約在維吉尼亞海灘的一間餐廳共進午餐。

結果庫柏其實是個穿著海灘襯衫、短褲和人字拖、中等身材的人，從各方面看，都像是一個平凡的大叔。如你可能預料到的，他很結實；也如你可能沒有預料到的，他很健談、親切，當他專注傾聽時還會揚起眉毛。他就像大部分的海豹部隊成員，手肘稍微離開身體，帶著警覺掃視室內。這叫做控制空間。

他選了室外的餐桌，讓我們可以看到人群。他和服務生交談，帶著親切的專注傾聽服務生介紹餐廳的特餐。然後他揚起眉毛。「那麼，你想要知道什麼呢？」他問。

庫柏的背景就像大部分第六分隊的成員一樣，很有個人特質。他在賓州的一個小鎮長大，從小就想要當醫生。他在朱尼亞塔學院主修分子生物學，這所小型文理學院每年會讓軍方招聘人員來到校園一次。庫柏從一位歷史老師那裡聽說了海豹部隊，而且還記得很吸引他的那句話：「海豹部隊是具有高度智慧、大量閱讀的讀者。」他非常感興趣，於是畢業之後他就參加了訓練。庫柏撐過了「地獄週」、通過德萊普．考夫曼的汰選過程，然後在一九九三年通過另一個篩選而進入了第六分隊。

庫柏有很多故事可以說——也有很多他不能說。但是當你問他關於建立小組的問題，他只會告訴你一個故事。故事發生在二〇〇一年阿富汗的除夕夜，在東部的巴格拉姆和賈拉拉巴德之間的一條荒涼道路上。庫柏當時就在這條路上，因爲他接到命令要陪同他的指揮官進行路線勘查，他們要在一天之內開車在巴格拉姆到賈拉拉巴德兩地間來回。

這條一百一十英里的路程有如夢魘一般，處處都可能爆炸，經常不能通行，充滿了強盜與叛軍。但是庫柏的指揮官堅持要走這條路，他在規畫時還充滿信心：他們會開一輛輪胎經過強化的武裝休旅車。他們的動作會神祕又快速。一切都會很順利。庫柏忍住心裡的疑問，照著長官的話做。

才剛從巴格拉姆出發，事情就不如預期。道路的狀況比預期的還糟，有些地方不像道路倒像是山徑，車底離地只有幾英寸，所以他們大部分時間都是慢慢拖著地開。夜晚時分，他們終於抵達賈拉拉巴德，庫柏以為他們要休息等到天亮，指揮官卻要他調頭開回巴格拉姆，好讓他們可以依計畫完成任務。

但是庫柏反對，他說這個計畫很差勁。庫柏和他的指揮官激烈爭論，對彼此大吼大叫，直到指揮官最後抬出軍階，庫柏才不得不服從。他頹喪地回到車上，在黑夜裡啓程。

一小時之後，他們中了埋伏。一群拖車和吉普車從黑暗中開出，包圍了他們。庫柏的駕駛企圖駛離，但是強化輪胎卻爆胎了。他們在黑暗之中輪框磨地開著車，四面八方都是槍林彈火。一名海豹部隊成員因為腿部被擊中而流著血。如庫柏所說，這是個差勁的計畫。

海豹部隊沒有其他選擇，只能投降，他們雙手高舉爬出車外，相信自己就要被殺了。「出於某個原因，他們決定不殺我們，」庫柏說，「他們不是害怕遭到報復，就是覺得我們構不成什麼威脅。」叛軍帶著海豹部隊的武器在黑暗中轟隆隆地駛離。庫柏和他的小組聯絡三角洲部隊和英國特種部隊，幾個小時後他們終於獲救了。庫柏帶著第二次的機會與嶄新的世界觀回到巴格拉姆。

庫柏說：「那個夜晚將我帶上一條不同的道路。從那時起，我就知道我必須想出方法，協助團隊有效率地運作。困難的是，我們人類的潛意識裡有強大到不可思議的服從權威傾向，如果有一個身居高位者告訴你要做某件事情，我們的天性就會傾向於服從，即使那是錯的。讓一個人告訴其他人去做什麼事，並不能很可靠地做出好的決定。所以你要如何建立起讓這種事情不會發生，讓你發展出蜂群思維的條件呢？你要如何發展出挑戰彼此、提問正確問題，而且絕不順從權威的方式呢？我們嘗試在領導者中打造出領導者。另外，你不能只要人們去做，你必須要建立讓他們開始去做的條件。」

從二〇〇一年的那個夜晚開始，庫柏就開始為他的小組建立那些條件。他培養合作的方式，可以稱之為反對權威偏見的叛亂行動。庫柏明白，只建立起合作的空間是不夠的；他必須發出一系列不會令人混淆的訊號，將他的手下從人類自然的傾向，帶往獨立與合作。「人性站在我們的對立面，」他說，「你必須繞過那些障礙，因爲它們從不離開。」

庫柏從小事開始。一位新進組員以軍階稱呼他，馬上就被糾正：「你可以叫我庫柏、戴夫或是混帳，你自己決定。」當庫柏給予建議時，他會謹慎用詞，留下讓別人質疑他的空間，例如：「我們來看看是否有人可以評論這件事？」「告訴我，這個主意哪裡不對勁？」他避開下指令，而是詢問一堆問題。**有誰有想法？**

在執行任務時，庫柏會找機會讓他的手下發表意見，尤其是針對那些新進組員。他表達得毫不婉轉。「例如，當你處在城市中，窗戶是很危險的。」他告訴我，「如果你站在窗戶前面，不但會被狙擊手射殺，而且還會搞不清楚子彈到底從何而來。所以如果你是新人，你見到我站在伊拉克費盧傑市的窗戶前，你要說什麼？你要叫我閃開，還是你要安靜地站在那裡讓我中槍？當我問新人這個問題時，他們會說：『我會叫你閃開。』於是我跟他們說：『好，那正是你在這裡對每一個決定都應該有的做法。』」

庫柏開始自己開發工具。他說：「你可以做一些事。花時間在外面一起相處、閒晃，都有幫助。我發現，最能改善小組凝聚力的事情，就是送他們去做某種非常、非常艱難的訓練。一起懸掛在懸崖上、感受溼冷與悲慘，會讓一個小組更加團結。」

其中最有效的一個工具就是「行動後學習」，我們在第七章曾經提過。「行動後學習」在每一次任務之後立即進行，是一個小組聚集起來討論並且檢視重要決定的簡短會議。「行動後學習」不是由指揮官指導，而是由士兵自己主導。它沒有章程，也沒有會議紀錄，目標是要打造一個沒有階級意識的平等視野，大家在其中可以想明白到底發生了什麼事情並且談論失敗——尤其是他們自己的失敗。

「它必須讓人安心說話，」庫柏說，「讓位階退位，讓謙卑登場。你要的是大家會說出『我搞砸了』的時刻。事實上，我會說那是任何領導者可以說出的最重要的四個字：『我搞砸了。』」

好的「行動後學習」有一個範本。庫柏說：「你必須立刻進行。你放下槍、圍在一起然後開始說話。通常你會依照時間，從開始到結束審視一項任務。你會談論每一個決定，也談論每一個過程。你必須抗拒想要美化事情的誘惑，試著去挖掘事情的眞相，好讓大家記取前車之鑑。你必須問問題，然後在他們回應時，再繼續提問另一個問題。爲什麼你在特定的時間點開槍？你看到了什麼？你如何得知？有什麼其他的選擇？你一再一再地提問。」

「行動後學習」的目標並不是爲了挖出眞相，或是爲了加以褒貶，而是要建立可以在未來任務共享的心智典範。「沒有人了解一切或知道所有事情，」庫柏說，「但是如果繼續聚在一起，挖掘到底發生了什麼事，過了一陣子之後，所有人都會知道眞正發生的事情，而不是只有他們自己的一小塊拼圖。大家可以分享經驗與錯誤，了解自己如何以及在哪些事情上影響了他人，而我們可以開始打造一個所有人都能夠一起工作並且爲了小組的利益而行動的團體心智。」

庫柏使用「謙卑的骨氣」來描述「行動後學習」的感覺。這是一個很有用的詞，因爲它捕捉到這件事的矛盾面：無情地探求眞相與歸咎責任。在「行動後學習」時，如同在段木體能訓練或是黑裸劇中，團隊成員必須既有紀律也要敞開心胸。這並不容易，但終究會有收穫。

在巴格拉姆那件事之後的十年間，庫柏大部分是在中東帶領小組。他慢慢高升爲第六分隊的特等士官長，讓他得以管理整個團隊的訓練。二〇〇一年三月，他和另一名第六分隊的領導者，被聯合特種作戰司令部指揮官威廉·麥克雷文上將召喚到中情局總部。

麥克雷文直接切入重點說：「我們認爲已經找到賓拉登了。」然後他簡述計畫。第六分隊隊員會駕駛匿蹤直升機飛到巴基斯坦，快速游繩到住宅屋頂，然後殺掉這個蓋達組織的領導人。

庫柏聽著計畫，他的注意力被吸引到一件事：匿蹤直升機。他知道匿蹤直升機對麥克雷文很有吸引力，因爲它們可以躲過雷達，使小組不被巴基斯坦偵測到。然而庫柏也知道匿蹤直升機並未經過戰鬥的考驗，而在特殊作戰的歷史上，充斥著在戰鬥中使用未經測試的工具因而導致災難的結果。所以庫柏說話了。

「長官，恕我直言。我不同意在此任務中使用那些直升機。我會另做其他計畫。如果眞想不到其他的做法，我才會用那些直升機。」

「我們現在不會改變計畫。」麥克雷文說。

庫柏決定繼續發言。他要將想法攤在桌面上。「長官，如果不告訴你我的想法，那麼我就是瀆職。」

麥克雷文提高音調：「我們現在不會改變計畫。」

「那時我很確定我要被革職了，」庫柏後來告訴我，「但是我不會閉上嘴巴。」於是他再一次表達想法。

然後麥克雷文再一次讓他閉嘴。討論結束。

庫柏走出那間房間後，面對了一個難題：你要如何遵守一個你認爲風險高到無法接受的命令？在本質上，這跟二〇〇一年除夕夜他在前往巴格拉姆路上的情況相同。他應該遵守還是反抗命令？

庫柏選擇了第三條路。他接受使用匿蹤直升機的命令，也開始爲失敗做準備。幾個星期後，海豹部隊建造了賓拉登位於北卡羅來納州、內華達州與阿富汗住宅的仿製品。在每一個地方，庫柏都不斷執行直升機的失敗情境。他模擬住宅外、住宅內、屋頂上、院子裡、數百英里外的墜機情形，每一次基本上都相同：墜機在過程中發生。庫柏的指令總讓組員感到意外：「你要掉下去，現在。」駕駛員便會將直升機自旋降落至地面，然後小組成員就會從降落點前往目標住宅。「從來沒有任何正確或錯誤的答案；他們必須自行組織起來處理難題。」庫柏說，「然後我們會進行行動後學習，談論行動，想清楚發生了什麼事，以及我們下一次要如何改善。」

直升機墜落的模擬並不容易，需要高度專注、合作與即時反應。在每一次模擬作戰的行動後學習中，小組成員會不斷檢視出錯的地方，分清責任歸屬並且談論如何改善。庫柏說：「我們做過太多次了，有些人還會拿來說笑。他們會說：『嘿，庫柏，我們**可不可以**再演練一次直升機墜落的情境？』」

五月一日，白宮發出執行任務的命令。兩架匿蹤直升機從位於賈拉拉巴德的美國空軍基地起飛。庫柏、麥克雷文和其他指揮官聚集在螢幕前，觀看無人機影片；歐巴馬總統和他的國家安全小組也在白宮一起觀看同樣的影片。

任務開始時很順利。他們成功到達巴基斯坦空域，沒有被偵測到，並且接近了賓拉登的住宅。但是當第一架直升機試圖降落時，就出現問題了。一架直升機在空中像是在冰上一樣打滑、改向並且朝著地面旋轉。另一架直升機原本應該要降落在主要住宅的屋頂上，看到這個問題之後於是改爲降落在戶外（後來發現這是因爲住宅的高牆產生出下降氣流，擾亂了飛行所致。而預演時四周都是鐵絲網圍籬，而非在堅固的高牆內進行）。然後情況愈來愈糟。第一位駕駛員無法讓直升機保持高度，結果在庭院中墜地，機尾卡在牆上，直升機一側傾覆、機鼻陷入土裡。將軍們目瞪口呆地看著螢幕，有三到四秒鐘，房間內充滿了令人難以忍受的靜默。

然後他們就看到了：第六分隊的成員從墜落的直升機湧出，隨即展開行動，就如同他們在演練中所做的。他們移動並且開始解決問題——就像第九章所說的街頭鬥牛一樣。「他們一步都沒有做錯，」庫柏說，「一旦他們到達地面上，就沒有任何疑慮了。」三十八分鐘之後，事情結束了，全世界都讚賞這個小組的技巧與勇氣。但是在歡欣慶賀之中，很容易就忽略了他們更深一層的技巧，也就是爲了這個時刻而打造出的基礎訓練以及「行動後學習」。

將目光放遠來看，襲擊賓拉登的行動像是小組力量、能力與控制力的展現，但是它的力量是來自於找出並且承認眞相的意願，並且一起不斷重複地詢問一個簡單的問題：**到底發生了什麼事？**庫柏和他的小組其實不需要一而再地進行直升機掉落的情境演練。但是他們成功做到了，因爲他們了解只有一起展現脆弱，才是一個小組達致無懈可擊的唯一方法。

「當談到勇氣時，我們會以爲那是拿著機關槍對付敵人。」庫柏說，「但其實眞正的勇氣是看見眞相並且對彼此說眞話。沒有人想成爲說出『等一下，到底發生了什麼事？』的那個人。但是在部隊之中，那**才是**文化，而且那才是我們成功的原因。」

11 在個人之間建立合作關係：傾聽的力量

奈奎斯特的方法

回到上一世紀初期，在矽谷出現之前，世界上最頂尖的創意與創新中心，位於新澤西州市郊一批平淡無奇的大型建築：貝爾實驗室。貝爾實驗室在一九二五年設立，最初是爲了要打造國家通訊網絡，隨後成長爲有如文藝復興時期的佛羅倫斯一般的科學重鎮，一直到一九七〇年代都持續培育出優秀的天才團隊。貝爾實驗室由克勞德·夏農帶領，他是一位博學的傑出科學家，喜歡一邊騎著單輪腳踏車穿過大廳，一邊還玩著雜耍。貝爾實驗室及其科學家團隊發明並開發了電晶體、數據網絡、太陽能蓄電池、雷射、通訊衛星、二進位制運算以及蜂巢式通訊等。簡單來說，我們在現代生活所使用的大部分工具都是他們發明的。

在貝爾實驗室的黃金時期，一些管理人員對實驗室能夠取得如此巨大的成功感到好奇。他們想要知道哪些科學家有最多的發明專利，以及那些科學家是否有共同點。他們開始檢視貝爾專利圖書館，那裡的專利檔案都依照科學家的姓氏編排。

在專利辦公室工作的律師比爾．葛弗偉回憶說：「大部分檔案的厚度都差不多，但是大概有十個人特別突出，比其他人的檔案都厚上許多。那些人都是產出了數十項專利的超創意人才。」

他們開始研究那十位科學家，想找出其共同的線索。這些超創意人才是否有共同的特長？共同的教育背景？共同的家庭背景？在考慮並放棄了幾十種可能的關係之後，他們發現了一個共同點——而且這跟科學家是否爲超創意人才一點關係都沒有。這個共同點是一項他們都有的習慣：經常在貝爾實驗室餐廳，和一位名爲哈利．奈奎斯特的安靜瑞典工程師共進午餐。

這是個令人訝異的發現。奈奎斯特確實因爲在電報與回授放大器的研究上取得重要進展而小有名氣，但是在這個滿是活力十足與個性古怪的領導人的實驗室裡，奈奎斯特擁有的特質卻恰恰相反：他是一個溫和、面帶輕柔微笑的路德教派信徒，大家對他的認識多半是覺得他平靜又可靠。奈奎斯特在瑞典的農場裡長大，以老派的紀律在工作。他每天早上六點四十五分起床，七點半準時前往辦公室，而且總是在傍晚六點十五分時回家吃晚飯，他最特別的習慣是偶爾搭乘渡船通勤回家，而不是搭地鐵（他很享受新鮮空氣）。他平凡到幾乎沒有存在感。換句話說，在這個史上最有創意的地方，最重要的居然是一個大家都忽視的人。這就是為什麼他們想詳細檢視奈奎斯特的技巧。

奈奎斯特擁有兩項重要特質：第一項是親切。他能夠讓別人感受到自己是被關心的，實驗室的人都說他「像父親一樣」。第二項特質是無窮的好奇心。實驗室中具有各種領域的科學知識，他渴望尋找各種廣度與深度知識之間的連結。貝爾實驗室的工程師卻平．卡特勒回憶說：「奈奎斯特滿腦子都是想法與問題，他讓人們發言，讓他們去思考。」

葛弗偉說：「在那個年代，貝爾實驗室鼓勵各個學科、從事各種研究的人，多與其他完全不同學科、不同研究項目的人交流，以獲得新的見解。而這是奈奎斯特非常擅長的，他可以掌握某人正在做什麼事，向他們提出一些新的想法，然後問他們：『你何不試著那樣做看看？』」

在我為了這本書參訪一些團體時，便遇到很多擁有親切與好奇心這兩項特質的人；事實上，人數多到我認為他們就像是奈奎斯特。他們彬彬有禮、舉止謙和，而且是訓練有素的傾聽者。他們散發出令人安心、感到被支持的氛圍。他們擁有跨領域的深厚知識，並且喜歡提出能夠激發動力與想法的問題（**找出奈奎斯特的最佳方法，就是問：如果我想要只透過和一個人碰面來了解你們的文化，那個人會是誰？**）。如果成功的文化是人類相互合作的引擎，那麼奈奎斯特就是火星塞。

我遇過最能體現這一點的人，叫作蘿詩．季維奇。

IDEO的魔術師季維奇

蘿詩．季維奇在知名設計公司IDEO的紐約辦公室工作，他們的總部位於加州的帕羅奧圖市。IDEO在現代世界的地位有點像是當初的貝爾實驗室。他們為蘋果電腦設計了創意十足的滑鼠、為糖尿病患者設計了胰島素注射筆，還設計了站立型的牙膏。他們比世界上任何一家公司都贏得更多的設計獎項。IDEO成員多達六百人，區分爲各個小組，從設計全球性的災難應變計畫到製造智慧型手機的充電提袋，以及介於這兩者之間的一切事物，都是他們的工作範圍。

名義上，季維奇是一名設計師；但是私底下，她就像是一個流動的催化劑，遊走在許多專案之間，協助團隊確定設計的方向。IDEO的成員杜恩·布雷說：「當團隊陷入困境，或是發生不好的變化時，蘿詩就好像變魔術一般爲我們解決了問題。她十分擅長爲團隊解開難題，並提出可以連結衆人與開啓其他可能性的問題。事實上我們都不太了解她到底是如何做到的，我們只知道這很有效。」

季維奇是個四十幾歲、身形嬌小的女性，她穿著有大口袋、質地柔滑的襯衫。她有頭深色的鬈髮，與同樣是深色的慧黠雙眼，眼角還帶著幾道笑紋。當她迎接我時，並沒有刻意展現魅力——不說笑，沒有額外的交談。她完全不像許多創意界的人士那般充滿活力與戲劇性，而是散發出恬靜平穩的氣質，彷彿你們已經見過好幾次面了。

「我並不是很健談的人，」季維奇說，「我喜歡故事，但是我不是在屋子中間說故事那個人，我是在旁邊聽故事並提出問題的人。那些通常是非常明顯、過於簡單或是不必要的問題，但是我就是喜歡發問，因爲我試著想要了解正在進行的事情。」

季維奇和小組們的互動多半會在IDEO稱爲「起飛時間」（Flights）時進行，那是在每個專案開始、中途以及結束時，定期進行的小組會議（不妨想成ＩＤＥＯ版本的「腦力信託」或「行動後學習」）。季維奇從外部進入各個小組，進行「起飛時間」。她大多是透過對話，從設計師的角度（障礙是什麼？）也從團隊的角度（阻力在哪裡？），來研究團隊正在努力進行的事情為何。當她心中已經有了想法，便會聚集團隊，提出旨在揭露緊張局勢的問題，幫助團隊了解他們自己和專案本身。她用來描述這個過程的字眼是「浮現」。*

「我喜歡**連結**這個詞，」季維奇說，「對我來說，每次對話都一樣，因為都是幫助別人在離開時帶著更大的認知、興奮與動力去做出一些影響。因為每個個體都不相同，所以你必須用不同的方式，讓人們在分享真正的想法時感到自在、愉快。這不是在做決斷，而是跟發現有關。對我來說，這是以正確的方式提出正確的問題。」**

季維奇的同事會說她是個矛盾的人：她既溫柔又堅定，既善解人意卻又很堅持不懈。「蘿詩的內在有很強硬的部分，」ＩＤＥＯ設計總監勞倫斯．亞伯拉罕姆遜說，「雖然表面上她沒有提出議程，但是背後當然是有的，而且她會溫柔地指引你。她最大的工具就是時間。她會花非常多的時間，有耐心、持續地進行對話，並且確保這些對話的內容朝著好的方向發展。」

另一名設計總監彼得．安東內里說：「我們總是會有和蘿詩在一起的時候。她會持續展現出一種激發別人的精神，能夠推動、幫助我們跳脫眼前所見的事物去思考，而且它通常從質疑明顯的事情開始。這從來都不是一種對峙的過程，她絕不會說：『你做錯了。』它是有機的，鑲嵌在對話之中。」

看著季維奇在傾聽，就好像是看著一名熟練的運動員在做動作。她主要用她的眼睛在傾聽，她眼睛的敏感度和偵測輻射用的蓋格計數器一樣，可以感應出情緒與表達的變化。她可以偵測出微小的變化並且快速地回應。如果你對某個主題展現出一丁點的緊張，她會標記下來，並溫柔地提問、探索這種緊張之所以發生的原因。當她說話

＊在我們的對話中，季維奇問我這本書的標題與副標題。我告訴她，然後她停頓下來——漫長而且意味深遠的停頓。然後她問我：「那個副標題真的有效嗎？」在幾分鐘、幾次來回之後，這本書有了新的副標題。我不確定是我還是她提議這項改變。就像季維奇會說的，是我們一起讓它浮現的。

＊＊科學家羅伯特．貝爾斯是研究團體溝通的先驅之一，他發現當問題只包含六％的語言互動時，會產生六十％的後續討論。

的時候，會持續以簡短的詞彙來回與你連結：**也許你有過像這樣的經驗……你做的事情類似於……我會停頓下來是因爲……**，這提供了連結的穩定訊號。你會發現自己對於敞開心胸、承擔風險與說出實話，感到相當自在。

這感覺像在變魔術，但事實上，它是大量練習的結果。季維奇在孩提時代，就會用錄音機重複錄製自己朗讀喜愛書籍時的聲音，她對音調與節奏只要有微小的改變就可以改變意義感到很著迷。大學時期，她就讀心理學與設計，並自願幫助盲人。她的畢業論文則是與舞蹈和編舞有關。季維奇用舞蹈的概念，來描述她用在IDEO設計團隊的技巧：找到音樂，支持夥伴，跟隨節奏。她說：「我不認爲自己是樂隊的指揮。我比較像是一個推動者：我設計舞蹈，試圖製造讓好事發生的條件。」

一年前，IDEO決定將季維奇的能力擴展到整個組織。他們希望她建立讓各團隊可以自行提出問題的模組，再將那些模組提供給各設計小組，幫助他們進步。如：

- 讓我對這個特定的機會最感興奮的一件事情是＿＿＿＿
- 我承認，我對這個特定的機會最不感興奮的一件事情是＿＿＿＿
- 在這項專案中，我想要做得更好的事情是＿＿＿＿

季維奇的問題有趣之處在於，它們極其簡單。它們與設計沒什麼關係，而是與更深的情緒連結有關：恐懼、企圖心、動機。我們很容易就能夠想像，這些問題若是落在他人手中會是何等貧乏，而且無法激起對話。這是因爲對話的眞正力量是雙向的情緒訊號，以創造出一種包圍起對話的連結氛圍。

亞伯拉罕姆遜說：「**細膩**是關鍵所在。蘿詩能讓人卸下心防，因爲她毫不做作、敞開心胸、善於傾聽還關心別人。蘿詩擁有完全停頓下來的能力：停下她腦中在跑的思緒，完全專注在對方以及問題上。她知道問題會走向何方，她並不是要帶著你往哪裡去，從來都不是。她眞的是設身處地地看待你，這就是她的力量。」

資深溝通設計師喬琪．季塔希說：「**同理心**聽起來十分溫柔、和善，但那不是這裡眞正發生的情況。蘿詩所做的，是要對人採取的行動有批判性的理解，而讓人採取行動的原因並不總是讓自己感覺良好。部分原因是她非常了解人，所以她了解他們需要什麼。有時候他們需要的是支持與讚美，但有時候他們需要的是被打醒，是被提醒他們要更努力工作、要更加嘗試新的事物。這就是蘿詩的貢獻。」

設計研究師尼莉．梅圖奇說：「蘿詩是眞的在傾聽，她傾聽你所說的事並且詢問意義，挖得更深。即使是當事情令人感到不舒服——尤其是在這種時刻——她都不會讓一切有曖昧的空間。」

因此我們要問：在蘿詩的停頓中有些什麼？在奈奎斯特的脆弱、眞誠的連結之中有些什麼？我們是否能夠揭開這個祕密，看看其中到底有些什麼？

傾聽的祕密

這是哈佛大學神經學家卡爾．馬奇博士花了大半學術生涯在詢問的問題。他是在一個以非西方治療師爲特色的醫學院課程中，開始對傾聽這件事感到著迷的。那些治療師所採用的是科學難以檢證的非典型治療法，例如在手不碰觸患者的情況下進行按摩，或是施用濃度幾近於零的液體等，然而這些方法卻有驚人的成果。馬奇認爲，其中一個原因就是治療師與患者所形成的連結。

「那些治療師的共同點是，他們都是很好的傾聽者，會坐下來好好查看病史，以眞正了解他們的患者。」馬奇說，「他們全都是非常有同理心的人，很擅長與人建立連結，形成信任關係。所以我意識到，有趣的不是治療，而是傾聽及其所形成的關係。那才是我們需要研究的。」

馬奇發明了一種方法。他追蹤對話者的膚電反應——皮膚對電流流動所產生的電阻變化，並把過程錄成影片。他發現，在大多數情況下，兩個人在談話中的醒覺曲線（arousal curves）相互間幾乎沒有關係。但是他也發現，在某些對話中，當兩條曲線完全同步時，就出現了特別的時刻。馬爾奇稱那些時刻爲「一致性」。

「一致性發生於一個人可以眞誠地回應投射在屋內的情緒時，」馬奇說，「它以同理心來理解，以姿勢、評論或是表情創造出連結。」

其中一段影片，是馬奇正在向他的心理醫師描述他向當時女友求婚的那一天。馬奇坐在椅子上，他的心理醫師穿著三件式的灰西裝（以下就叫他灰西裝）。捕捉內在情緒波動的機器架在他們中間，並以一對顏色鮮艷的變化線條呈現在螢幕上：藍色是馬奇，綠色則是灰西裝。

馬奇：我們想去「麵包與馬戲團」店裡買他們的印度蔬菜三角煎餃。我說：「好，我請客，我們去買一些。」所以她以爲我們要去那裡野餐或什麼的。

灰西裝：（一連串細微、肯定的點頭。）

馬奇：她的第二個想法可能是，我們偶爾會去那裡觀看日落，她說也許天空會有什麼有趣的東西好看。

灰西裝：（大動作、表示確定的點頭。）

馬奇：然後她有一瞬間提到，並取笑了一下以爲我要求婚的想法，但是（那想法）很快就消逝了。

灰西裝：（帶著同情點頭，頭微傾。）

馬奇：所以她上去那裡，而且盛裝打扮，看起來一如既往地美麗。然後她說：「怎麼了嗎？」現在想起來，她是在找什麼東西，可是卻沒找著。

灰西裝：（小小的微笑。）

馬奇：我說：「過來坐下。」我念了一小節E·E·康明斯的詩：「存在於時間之外，一如於時間裡，愛不造就開始，也不造就結束。」

灰西裝：（頭稍微上傾，眉毛揚起。）

馬奇：（繼續唸詩）「無爲而爲地行走、游水或呼吸，愛是空氣、海洋與大地。」然後我說：「妳就是我的空氣、我的海洋和我的大地。」

灰西裝：（頭偏斜、微笑、點頭。）

馬奇：結果令人很感動。因爲當我拿出戒指時，她明白了我在做什麼，然後很眞誠地哭了出來。她激動得不知所措。很令人感動。很美好。她很激動。

灰西裝：（微小、表示肯定的點頭。）

看著影片時，你注意到的第一件事，是對話中包含了好幾個完美一致性的時刻，綠色和藍色的線以完美的協調性移動著，其上升與下降的模樣，就像獲勝的小旗子在微風中翻飛。第二件事，是這些時刻都在灰西裝甚至一言不發的情況下發生的。這不是說灰西裝沒有互動，而是他散發出一種穩定的專注，一種泰然自若的寧靜。他雙手交疊在大腿上，眼睛向上，而且警醒著。他以點頭、細微的表達來回應。換句話說，他在做蘿詩在IDEO、奈奎斯特在貝爾實驗室裡做的事。這表示，當一個人積極、專注地傾聽時，對話中最重要的時刻就會發生。

「一致性在一人說話、另一人傾聽的時候發生，並不是個意外。」馬奇說，「當你說話的時候很難會有同理心。說話是很複雜的事情，因爲你在思考並盤算著說話的內容，而且你通常會卡在自己的腦子裡。但是當你傾聽時就不是這樣的。傾聽時，你會沒有時間感，會沒有自我感，因爲那與你自己無關。一切只關乎完全與對方連結。」

馬奇將一致性提高的部分，與他觀察到同理心提高的部分連結起來，發現：一致性愈多，兩人感覺就愈密切。而且親近度的改變並非慢慢形成的，而是一次到位。他告訴我們：「通常會有一個發生的時刻。當你可以眞正傾聽、與對方共處於當下的時候，關係會加速改變。它就像是個突破：『我們原本是這樣，但是現在我們要以新的方式互動，而且我們彼此都理解這件事已經發生。』」

12 實作的步驟與方法

建立團隊脆弱面的習慣就像是在鍛鍊肌肉：需要時間、重複施作，以及爲了有所收穫而願意感受痛苦。也像鍛鍊肌肉一樣，首要關鍵在於擬定計畫。以下是一些對個人與團隊都適用的建議。

確保領導者率先並經常展露脆弱的一面：團隊合作是由頻繁重複的小型脆弱時刻建立起來的，而其中再沒有比領導者傳達出脆弱訊號更有力量的了。正如戴夫・庫柏所說，**「我搞砸了」**是領導者可以說出的話語中最重要的。

餐飲大亨丹尼・梅爾及其員工（約二十人）一起進行的朝會就是個鮮明的例子。第十五章我們還會有更多探討。梅爾是聯合廣場咖啡館、雪克小屋、格雷莫西小酒館等價值共計十億美元以上的餐館持有人。在我參訪前一晚，他進行了有生以來第一次的TED演講。朝會一開始就播放了這則演講影片。燈光亮起後，梅爾開始說話。

他問團隊：「你們有看到我的腿在抖嗎？我緊張得全身顫抖。我做過很多演講，但是TED的人要求比較多、比較深入與周全。我前一晚只睡了大概三個小時，所以眼袋很深。我們排演得很糟，而且我一直搞砸投影片，所以那幾乎是一場徹頭徹尾的悲劇。但是我很幸運，我得到很棒的協助。」他停下來示意，「謝謝奇普與哈雷。他們讓整件事成爲可能。他們寫出很棒的內容、給我很好的建議，讓我保持鎮定。」所有人都看向奇普與哈雷，並簡短地拍手，梅爾則是讚賞地看著這一切。

梅爾傳遞出這個訊息：**我很害怕**，但是他鎮定、自信與自在，使這個訊息突顯出更深一層的意思：**在這裡說眞話很安全**。他的脆弱面不是弱點，而是他的力量。

前Google資深人資長拉茲洛．博克建議領導者詢問他們員工三個問題：

- 什麼是我現在在做，而你希望我繼續做的？
- 什麼是我現在做得不夠，而你希望我更常做的？
- 我可以做什麼讓你更有效率？

「重點不是問五個或十個問題，問一個就好，」博克說，「這樣比較容易回答。而且當領導者以這樣的方式在尋求回饋時，會讓和他一起工作的人覺得他們做一樣的事是安全的。這具有感染力。」

對於期望發生的事要不厭其煩地溝通：我參訪過的成功團隊，不會假設合作關係會自行發生。他們會清楚、堅持不懈地強調，以建立起那些期待、打造合作關係，並且協調語言和角色，在最大程度上提供幫助。IDEO就是一個很好的例子，該公司領導者持續談論對合作關係的期待（其執行長提姆．布朗不停重複他的口頭禪，即：問題愈複雜，你需要的協助就愈多）。他們清楚定義了幫忙的角色並展示其脆弱面（公司內部的公布欄充滿了詢問：**有誰知道好的瑜伽課程？有誰可以在聖誕週幫我找到貓咪保姆？**）。萬一你錯過那些訊號，它們也會以大寫被寫在紐約辦公室的牆上，以及IDEO每個員工都會有的一本小冊上。其中最常被提及的內容是：**共同合作並使其他人成功：想辦法幫助他人才是祕訣**。

親自傳遞負面訊息：這是我在好幾個文化中遇到的潛規則。做法是這樣的：如果你要告訴某人負面消息或是負面的回饋，即使只是要告知對方不允許報帳的項目，你都有義務面對面傳遞這個消息。這個規則不容易遵守（透過電子設備溝通對傳遞者與接收者都舒服得多），但是很有用，因爲這是以直接、誠實的方式處理緊張關係，避免誤解，並打造出共享的明確度與連結。

MLB芝加哥小熊隊教練喬・梅登是公認的品酒行家，也是最會處理負面消息的人之一。他在辦公室放著塞滿紙條的玻璃碗，每張紙條上寫著昂貴的紅酒名。只要球員違反球隊規則，梅登就會要他們從碗裡抽出一張紙條，買下那瓶酒，然後一起開瓶享用。換句話說，梅登將紀律與重新連結聯繫在一起。

當新的團隊形成時，聚焦在兩個重要的時刻：哈佛商學院教授與研究組織行爲學的傑夫・波爾瑟（見第八章），在團隊的合作基準中追蹤出兩個會在團隊生活早期就出現的重要時刻：

①第一次展現脆弱時。
②第一次發出異議時。

這是兩條踏上團隊路徑的門檻：**我們要看起來強大還是要一起成長？我們要在互動中勝出還是要一起學習？**波爾瑟說：「在那些時刻，人們不是只顧自己、變得有防衛心，並開始批判、創造出很多緊張的局面；就是會說：『嘿，這很有趣。你爲什麼不同意？我可能是錯的，我很好奇，我想要多談談。』在那個時刻所發生的事，有助於形成讓之後的一切遵循的模式。」

彈跳床式的傾聽方式：好的傾聽並不只是專注地點頭，而是加入洞見，並打造雙方都有所發現的時刻。經營領導諮詢公司的傑克．詹勒和喬瑟夫．霍克曼分析了經理人培訓計畫中三千四百二十九位參加者，他們發現最有效益的傾聽者會做四件事情：

①以讓對方感到安全與受到支持的方式互動。
②採取幫助與合作的立場。
③偶爾提問溫和與建設性地挑戰舊有設想的問題。
④提出開啓另類途徑的建議。

如詹勒和霍克曼所言，最有效益的傾聽者像是彈跳床，而不是被動的海綿。他們主動回應、吸收對方給予的內容、支持他們並注入能量，幫助對話獲得速度與高度。

好的傾聽者也會像彈跳床那樣，透過一再重複而增加振幅。當他們提問時，很少在對方第一次回應後就停下來，而是會以不同的方式探索緊繃的範圍，以揭露可以促進合作的眞相與連結。

蘿詩．季維奇說：「你在提問時獲得的第一個回應通常不是回答，它就只是第一個回應。所以我試著找到方法讓事情慢慢浮現，談論應該被分享的事情，好讓人們可以從該處開始建立關係。你必須找到很多方法問同樣的問題，然後從各種不同的角度去看待它們。然後你必須從那個回應去打造其他問題，好探索更多事情。」

在對話中，抗拒本能上想要注入價値觀的誘惑：打造脆弱面最重要的通常不在於你說了什麼，而是你不說什麼。這意味著，在有機會提出簡單的解決方案與建議時，要能夠毅然放棄。訓練有素的傾聽者不會用像是「**嘿，我有個主意**」或是「**讓我告訴你在類似的情形中什麼對我有用**」之類的語句插話，因爲他們了解這與他們無關。他們用豐富的姿勢與措辭讓對方繼續說話。季維奇說：「我最常說的一句話，可能是我說過的話中最簡單的：多說一點。」

這不是說提供建議不好，而是你應該在建立起季維奇所說的「體貼的鷹架」後，才提出自己的建議。鷹架能夠支撐風險與脆弱面，它是對話的基礎。有了鷹架之後，人們在合作中遇到風險時會感到被支持。沒有了鷹架，對話就會崩毀。

運用像是「行動後學習」「腦力信託」與「紅隊」（Red Teaming）等會帶來坦誠的練習：雖然「行動後學習」原先是爲了軍事而打造出來的，但是這項工具也適用於其他領域。一個好的「行動後學習」會運用五個問題：

①我們想要的結果是什麼？
②實際得到的結果是什麼？
③是什麼導致這樣的結果？
④下次我們會做什麼同樣的事？
⑤我們會採用哪些不同的做法？

有些團隊運用「行動前檢討」時，也運用一組類似的問題：

①我們想要的結果是什麼？
②我們預期的挑戰是什麼？
③我們或其他人從類似的情況中能學到什麼？
④為什麼我們這次能夠成功？

我的建議是，像海豹部隊一樣，在沒有領導者介入下進行「行動後學習」，以促進彼此的坦率與誠實，可能會有幫助。同樣地，寫下檢討心得也可能會有幫助，特別是針對下次會否再使用相同的做法，與整個團隊分享。畢竟「行動後學習」的目標不只是釐清眞相，也是為了建立一個共享的心智模型，幫助團隊在未來解決問題。

皮克斯的「腦力信託」是聚集一組有經驗、沒有正式權力的領導者，讓他們開誠布公地提出優點與缺點。「腦力信託」的一項關鍵規則是，團隊不能提出建議，而只能點出問題。這樣該電影的負責人才能保有他的所有權，而不是被動地聽從指令。

「紅隊」則是軍隊中用來測試策略的方式。你創立一個「紅隊」，想出破壞或打敗你提出的計畫的方法。重點是要選出一個在任何方面都與既有計畫完全沒有關係的紅隊，然後讓他們自由地想出規畫者從未預期過的新方法。

「行動後學習」「腦力信託」與「紅隊」都可以產生相同的行爲基礎：建立坦誠脆弱面的習慣，讓團隊更加了解什麼有效、什麼沒效，以及如何改善。

力求坦率，但避免殘忍的誠實：給予誠實的回饋需要技巧，因爲這很容易讓人受傷或是士氣低落。皮克斯在這點上就做得很好，他們力求坦率，但避免殘忍的誠實。追求回饋較小、針對性較強、較不涉及個人、評判較少的坦率，同樣有影響力，卻更容易保持安全感和歸屬感。

勇於接受令人不舒服的情況：在建立展現脆弱面的習慣中，最困難的地方在於團隊要忍受兩種令人不舒服的情況：情緒上的痛苦和無能的感覺。進行「行動後學習」或是「腦力信託」時，重複挖掘已經發生的事情（我們不是應該往前看嗎？），會與面對令人討厭的眞相必然會有的強烈尷尬處境連在一起。但就像是任何健身運動一樣，關鍵是要了解痛苦不是問題，而是打造更強大的團隊的途徑。

配合行動來調整語言：許多高度合作的團隊都用語言來強化他們的獨立性。例如海軍飛行員回到航空母艦上不叫「降落」而叫「收回」。IDEO沒有「專案經理」，而有「設計團隊領導者」。皮克斯的團隊不針對電影的初期版本提供「說明」，而是藉由提供對問題的解決方案「附加」內容，這看起來可能只是語義上的小差異，但是卻很重要，因為它們會持續突顯工作上的合作與相互連結的本質，並且強化團隊共享的認同。

區隔績效評量與專業培訓：雖然看起來讓這兩者在一起是很自然的事情，但是將兩者區分開來卻是比較有效益的方式。績效評量通常是高風險、必然帶有批判性的互動，結果常常會影響薪資；專業培訓則是鑑別實力與提供支持和成長的機會。將兩者混為一談並不是件好事。有鑑於此，許多團隊已經從原先的評量員工，改為比較是輔導的模式，讓大家接受頻繁的回饋，讓他們能簡單、快速地了解自己的表現，也提供他們改進的方法。

利用速成師徒制：速成師徒制（Flash Mentoring）是打造團隊合作關係的最佳技

巧之一。它就像是傳統的師徒制：你選擇想要學習的人，然後開始模仿他；但是時間不需長達數年或數月，只要幾個小時就好。這些簡短的互動會幫助團隊打破障礙、建立關係，並且增進互助的意識。

讓領導者偶爾消失：好幾個成功團隊的領導者，都有在重要時刻讓團隊獨自運行的習慣，其中最好的一個例子就是波波維奇。大部分NBA球隊在暫停時間通常都會有一個既定的流程：首先，教練團會聚在一起幾秒鐘，擬定戰術；接著他們會走向板凳區，向球員下達戰術。然而，大約一個月會有一次，馬刺隊教練們在暫停時仍會先聚集在一起……但是他們卻再也不走向球員。球員們坐在板凳上等著波波維奇過來。當他們終於明白總教練不會過來的時候，球員們便自己負責，開始討論，擬定戰術。

紐西蘭國家橄欖球隊 All Blacks 也已經養成這樣的習慣，球員每週有好幾次都自己帶領球隊練習，很少從教練那裡取得意見。當我請戴夫．庫柏說出他表現最好的小組有什麼特徵時，他說：「最好的小組是我不用介入的那些，尤其是在訓練的時候。他們會自己消失，完全不依賴我。他們比我更清楚他們自己需要什麼。」

技巧

三

確立目標

13 三百一十一個英文單字：嬌生公司的〈信條〉

嬌生的〈信條〉與泰諾危機

一九七五年某天，醫療保健業大廠嬌生公司總裁詹姆斯．柏克召集公司三十五名資深經理，開了一場非常規的會議。他們不是要討論策略、行銷、計畫或是跟生意有關的任何事宜。這場會議的目的只有一個：討論有三十二年歷史，只有一頁篇幅的〈信條〉（Credo）。

這份〈信條〉由前總裁暨嬌生創辦者家族的成員羅伯特．伍德．強生寫於一九四三年，內容開頭是這樣的：

我們堅信我們的首要責任是對醫生、護士、病人、母親、父親，以及所有使用我們產品與服務的人負責。為符合他們的需求，我們所做的每一件事都必須有高品質。我們必須持續努力減少成本，以維持合理的價格。顧客的訂單必須得到立即與正確的服務。

長達四段的〈信條〉，詳述了嬌生及其相關人士之間的關係，並排出優先順序：顧客、員工、社會與股東。嬌生所主張的價值堅定：清楚明確、直截了當，像《舊約聖經》一樣莊嚴（**必須**這個詞出現了二十一次）。嬌生所有的商業活動中都清楚展現了〈信條〉的信念，在新澤西州的嬌生總部更將其內容篆刻在花崗岩牆上。

只是柏克發現，對許多員工而言，〈信條〉似乎已經不再重要；連他自己都不確定〈信條〉是否**應該**還那麼重要，畢竟時代已經改變了。這並不是要公開地反對〈信條〉，而是當柏克在公司內部四處走動，觀察員工在工作與互動時所感受到的微妙氣氛。如他後來所說的：「許多進入嬌生的年輕人不太注意〈信條〉，很多人覺得那只是一種公關的花招，而不是將大家整合在一起的文件。」

柏克於是召開會議，以決定〈信條〉未來在公司裡的意義。當柏克提出他的疑慮時，很多公司的高層都立刻表示反對，他們認爲質疑一份這麼重要的文件似乎是浪費時間。董事長迪克·賽勒斯說柏克的想法「很荒謬」，挑戰〈信條〉就有如天主教徒要挑戰教宗一樣。

聲音低沉，曾在二次世界大戰中指揮過登陸艇的柏克沒有讓步。「我每天醒來都在挑戰（教宗）。我覺得他有的時候很荒唐，我覺得我的宗教有的時候也很瘋狂。我當然要挑戰它。每個人都在挑戰他們的價値觀，我們對〈信條〉也應該這麼做。」柏克占了上風。

會議在一間大型宴會廳舉行。當資深經理們都坐定位後，柏克簡述了這項任務：「以你們的身分可以挑戰這份文件，也就是我們組織的靈魂。如果你們不能以〈信條〉爲處事原則，那我們就應該要拆掉那面牆，因爲讓它留在那裡只會顯得虛僞。而如果你們想要改變它，就告訴我應該要怎麼改。」

「我認爲（〈信條〉）應該是絕對的。」一位經理說道。

「你不能欺騙自己，」另一人插話，「生意的目的就是要獲得利潤。」

另一位經理也發話說：「這樣的話，我們不是應該做出最有利於生意的事嗎？不只是要追求道德與倫理正確，也要遵守〈信條〉，讓我們符合社會的需求，將事情做得更好、更恰當也更有人性。」

「查理，這當然是非常好也非常重要的，我們大家都同意。」一個留著條碼頭、聲音尖銳的人回說，「問題是，〈信條〉中有哪些符合社會的合理要求？又有多少是我們可以在生意中做到並且保留下來的？」

這下你明白了，這不是一場商業會議，而比較像是學院中的哲學研討會。一整天下來，屋子裡的這三十六個人試圖爲公司找到道德上的定位；那天晚上，有些人還熬夜將內容付諸文字。他們終於對重新提出的〈信條〉內容達成了共識。

在接下來幾年內，柏克繼續重現像這樣的對話，他在公司好幾個階層之中進行對〈信條〉內容的挑戰。這些挑戰看起來發揮了效果，他和其他人都感受到員工對於〈信條〉似乎有了新的認知。不過當然，這種事通常是無形的，很難在一般日常生活中看得出來。

七年後，一九八二年九月三十日，一般的日常生活起了大波瀾。柏克接到電話通知：芝加哥有六個人在服用了嬌生被摻入氰化物的泰諾（Tylenol）強力止痛膠囊後死亡。這件事在當地已經引發恐慌。警察拿著擴音器在街上四處警告民眾，童子軍挨家挨戶提醒可能會錯過警告的老年人。第二天，出現了第七位受害者，人們的擔憂持續擴散。舊金山官方還警告民眾，不要將泰諾膠囊沖進馬桶，以免毒性汙染下水道。據統計，自從甘迺迪總統被暗殺的新聞之後，泰諾膠囊下毒事件的新聞覆蓋率是全美最高的。

幾個小時內，嬌生從藥品供應商淪爲毒藥供應商。總部混雜了震驚與難以置信的氣氛。從嬌生的角度來看，更大的難題是公司並不知道要如何處理這項危機。嬌生沒有公共事務部門或是回收藥品的機制，其公關系統也只會照本宣科。嬌生旗下負責製作泰諾膠囊的麥克尼爾製藥廠董事長大衛・柯林斯說：「這就像是一場瘟疫，我們不知道它什麼時候會結束。我們唯一知道的，就是我們根本不知道發生了什麼事。」

公司總部的一間辦公室變成了臨時作戰室。有人在裡面放了畫架與畫板。當諸如受害者、地點、藥物批號、購買地點等訊息傳進來，就會被寫下來貼到牆上。不久，牆上就貼滿緊急的問題，而嬌生對此仍然沒有任何解決的方法。唯一可以確定的是，泰諾膠囊的生意完蛋了。「我認爲他們無法再販售叫這個名字的任何產品了。」行銷界的傳奇大老傑瑞・德拉・費米納如此告訴《紐約時報》。

柏克組成一個七人委員會，開始進行一連串艱難的決定：他們要如何與執法單位一起工作？他們應該對社會大眾說些什麼？最重要的是，他們應該要怎麼處理美國境內還在架上的泰諾產品？

下毒事件發生後的第四天，柏克和委員會其他成員飛到華盛頓特區，與聯邦調查局和美國食品藥物管理局討論策略。兩個官方單位都建議柏克將藥品回收範圍限制在芝加哥，因爲目前除了芝加哥，其他地方還沒有傳出災情。他們說，若進行全國性的回收，會沒有必要地驚嚇到大眾，讓下毒者更有膽量，還會鼓勵模仿犯，更不用說大規模回收會讓嬌生付出百萬美元以上的代價。

柏克和他的團隊考慮了一陣子，然後選擇不顧聯邦調查局與食品藥物管理局的勸告，下令立即回收市面上所有的泰諾產品——全部共有三千一百萬錠，成本高達一億美元。當柏克被問到他爲什麼會做出這個決定，他很快便回答：「**我們堅信我們的首要責任是對醫生、護士、病人、母親、父親，以及所有使用我們的產品與服務的人負責。**」

接下來幾週內，嬌生基本上將自己從藥品公司轉型成公共安全機構。它設計、製造出創新的防竄改（tamper-proof）包裝，發出更換、棄置與退換系統，並且與政府、執法單位和媒體建立關係。下毒事件發生四週後，嬌生動員了超過兩千名銷售人員，前去拜訪醫生與藥劑師，傾聽他們的考量並告知他們事況最新的發展。

柏克頻頻在全國性媒體上露面，讓公司律師都嚇壞了。他公開表達他的哀悼與沉痛，並讓大家知道嬌生為了確保公共安全正在進行什麼樣的做法。下毒事件發生六週後，嬌生開始採用全新、更加安全的包裝方式。

意料之外的事發生了。下毒事件之後，市占率一度跌到零的泰諾，不僅重新在市場上逐步贏回原先的市占率，而且還持續成長。正如一位專家所說：「這是在耶穌門徒拉撒路後最了不起的復活。」

隨後幾年，嬌生對泰諾的處理方式，成為企業處理危機的黃金標準。

「我們必須飛快地做出數百個決策；有數百人在做著數千個決策。」柏克事後說道，「如果你回頭檢視，我們眞的沒有做出任何不好的決定。眞的沒有。那數千個決策都有優異的一致性，也就是公眾必須是最先被服務的對象，因為他們直接面臨著風險。人們之所以會在討論〈信條〉時提到泰諾的事件，是因為我們是依據〈信條〉在做事。因為在嬌生及其所屬公司的決策者，在理智與心靈上都知道該怎麼做。」

泰諾危機表面上是一個大團體以其非凡的團結與專注力，在處理災難事件的故事；但是故事底下卻蘊藏著一個令人好奇的事實：嬌生做出非凡處理的關鍵，在於那張僅有一頁的平凡文件。〈信條〉上的三百一十一個英文單字，讓數千名受困於複雜選擇中的人，找到自己思考與行為的方向。

而更深一層的問題是：**幾句簡單、直接的句子，如何能夠為團隊的行為帶來如此大的不同？**

建立簡單的指標：連結現在與未來的共同目標

在本書的前兩個部分，我們專注在安全感與脆弱。我們已經了解微小的訊號——**你很安全，我們一起承擔風險**——能夠連結彼此，使人們仿如一個實體般，一起工作。但是現在我們要問：**這一切究竟是為了什麼？我們要往哪裡去？**

我在參訪成功團隊時注意到，當涉及目的或是價值觀時，他們的做法都相當有技巧。他們會從四周環境開始。我們雖預期大部分的團隊會在其周遭環境中置放一些東西，以提醒成員其使命為何，然而這些成功團隊遠遠做得更多。

走進維吉尼亞州水壩頸地區的海豹部隊總部時，你會經過一條世貿中心爆炸後殘存的扭曲鋼梁、一面來自索馬利亞摩加迪休的旗幟，以及許多海豹部隊犧牲成員的紀念碑，看起來就像是一座軍事博物館。同樣地，走進皮克斯總部就有如走進該公司的其中一部電影一樣。公司入口有胡迪警長與巴斯光年的等身大小樂高模型，還有二十英尺高的頑皮跳跳燈，每一件都散發著皮克斯的風格。正直公民喜劇團的地下室不像劇場，倒像是個小型名人堂，牆上貼著有名的黑裸劇團體的照片（你幾乎可以在每張照片上找到成名前的演員）。辦學績效卓越的奇普特許學校也有類似的做法，該校每間教室都以教師就讀的學校來命名與布置，以鼓勵學生見賢思齊；廁所的鏡子上甚至還裝飾了一個重要的問題：**你要讀哪一間大學？**

除此之外，成功團隊所使用的語言，也凝聚在同樣的焦點。走在這些地方，你會聽到同樣的口號與箴言，以同樣的節奏傳遞出來。這很令人訝異，因為你可能很容易會假設皮克斯不需要被提醒**科技激發藝術**、**藝術激發科技**；海豹部隊不需要被提醒**開槍**、**移動與溝通**；奇普學校的學生也不需要被提醒**勤學與善良**，因為他們每天都說上好幾次。然而這就是他們在做的事。這些團隊本來就應該知道他們所主張的是什麼，但卻花費大量時間述說自己的故事，精確地提醒彼此堅持的價值，然後一再重複。這是為什麼？

要回答這個問題，首先讓我們來檢視體型嬌小、外表平凡的鳴禽椋鳥。就如同其他鳥類，椋鳥有時會聚集成爲大型的群體。但是當椋鳥群遭到來自老鷹等掠食者的威脅時，牠們會進一步轉化到「群喧」（murmuration），那是大自然中最爲美麗與奇特的景象之一：群體依思維的速度旋轉與改變形狀，在空中形成巨大的漏斗、螺旋與渦卷，看起來就像是《哈利波特》中的特效。在老鷹向其中一隻椋鳥俯衝而來的瞬間，另一側（中間隔著數千隻鳥）的椋鳥會立即感知並且以群體的姿態飛離危險。當然，問題在於，這麼多隻鳥如何像是單一實體一樣地行動？早期自然學家的理論是，椋鳥具有近乎神祕的超感知能力，可以感覺到並且規畫群體的移動。如一名英國科學家便稱其能力爲「心靈感應」；另一名科學家則稱其爲「生物通訊」。

二〇〇七年，羅馬大學的理論物理學家團隊，揭開了這個現象的眞實原因：椋鳥的團結建立在不停注意小型的訊號組合上。基本上，每隻椋鳥都會追蹤牠周遭的六到七隻椋鳥，傳送與接收方向、速度、加速與距離等線索。專注、仔細觀察的共同習慣在群體中放大，使群體表現得像是單一個體。換句話說，椋鳥群能夠做出如此聰慧的行爲，並不是因爲牠們有心靈感應或是魔法，而是由於更簡單的能力：聚焦在少數的重要標誌上。

這對我們了解成功的文化如何建立目標與持續朝著目標前進大有幫助。成功的團隊像椋鳥一樣明白這個道理：目標與連結內在的驅動力沒有什麼關係，而是要建立簡單的共同指標，讓專注力與參與度聚焦其上。成功的團隊便是因此不斷地尋求講述與重述故事的方法，並建立了我們所謂的「高度目的性的環境」。

高度目的性的環境充滿了微小、鮮明的訊號，它們能夠在現狀與未來的理想之間產生連結，並在我們人生的每個過程提供兩個必需的簡單指標：這是**我們現在所在的地方**以及**這是我們要前往的地方**。從科學的角度來看，令人感到驚訝的是，我們對這種訊號模式有很強烈的反應。

幾年前，心理學教授嘉布里爾·歐廷珍展示了一項或許可說是史上最簡單的心理實驗。事實上，你現在就可以做這項實驗：

第一步：想一個你想要達成的實際目標。它可以是任何事情：精通一項運動、重新投入一段感情、減輕幾公斤、找到新工作。花一些時間思考你的目標，然後想像它實現了，並在心中描繪出你已經達成目標的畫面。

做到了嗎？

第二步：花一些時間想像你與目標之間的障礙。盡可能逼眞，不要掩飾負面的部分，但是試著看清它們眞正的樣貌。例如，如果你的目標是減重，你可能會想像聞到溫熱餅乾的香味，然後決定吃個一片（或三片）的軟弱時刻。

就是這樣。這叫做心智對比（mental contrasting），它似乎不像是科學，而比較像是深夜資訊型廣告（又稱電視購物）的建議：**想像一個可以達到的目標，然後想像障礙**。但重點是，正如歐廷珍所發現的，這個方法確實會讓行爲與動機有非常顯著的改變。在一項研究中，運用這個方法參加SAT預考的青年學子，比對照組多完成了六十％的練習題。在另一項研究中，運用這個方法的節食者攝取的熱量也少上許多，感覺更有活力，體重也減輕更多。

經過證實，心智對比也可以提高與陌生人積極互動、談判交易、公開發言、管理時間、改善溝通等能力。正如歐廷珍所說：「對未來與現在實情的共同闡述，使兩者同時都得以被理解；而且因爲感受到自己所希望達致的未來會受到現實的妨礙，而將兩者連結在一起。」

歐廷珍的研究和我們對動機與目標的一般認知並不相同。我們通常會認爲動機與目標內在於人——有或是沒有，一翻兩瞪眼；因此我們會用**欲望**或是**心靈**之類的詞來稱呼動機。但是在這些研究中，動機不是我們所擁有的東西，而是在導引我們注意力的兩個過程——**這是你現在所在的地方**以及**這是你要去的地方**中所產生的結果。

共享的未來可以是目標或是行爲（**我們視顧客安全爲第一**。**我們開槍、移動與溝通**），這並不重要。重要的是建立起這份連結，並圍繞著這份連結創造參與感。重要的是說故事。

我們通常會隨意使用「故事」這個詞，彷彿故事和敘事是對某些永不改變的根本現實的短暫裝飾。但在更深層的神經學眞相是，故事並不是在遮掩現實，而是透過引起大量認知與動機而創造現實。證據就是，掃描大腦時：當我們聽到一件事實，腦部一些孤立的區域會亮起來，轉化文字與意義；而當聽到一則故事的時候，大腦會因爲追蹤原因、後果及其意義，亮得跟賭城一樣。可見故事不只是故事，它是人類最棒的發明，傳遞了驅動行爲的心智模型。

回想一下嬌生的領導者在泰諾下毒事件後所面對的決策難題。不按照聯邦官員的建議花一億美元全面回收藥品（或是向股東和董事會解釋那項決策）並不容易；要數千人接受全新且自己不熟悉的角色（或是解釋爲什麼他們應該歡迎這項改變）也並不容易。很多人認爲這些決策與行動令人感到痛苦與折磨。

但是柏克並不感到痛苦或是折磨。他很直率地描述那些決策：「這個嘛，我是受到很多肯定，」他告訴記者，「但事實上我之所以那麼做，不只是因爲那很容易，而且因爲……除此之外，我無法做出其他的選擇。世界上所有嬌生的員工都在關注這起事件……如果我們做了其他的決定，你想想他們會有什麼感受。我的意思是，這家公司的靈魂正在看著我們。」

換句話說，柏克及其團隊的感受和椋鳥群有點類似。他們一體行動，因爲〈信條〉所產生的明確訊號同樣使群體產生共鳴。**我們堅信我們的首要責任是對醫生、護士、病人、母親、父親，以及所有使用我們的產品與服務的人負責。**他們做的困難選擇，並不是眞的那麼困難。對他們來說，那些選擇就有如本能的反射動作一般。

故事的力量

故事如何引導團隊行爲？理解這件事並不容易，主要因爲故事很難被區隔出來。故事就像空氣：同一時間無處不在也處處不在。你如何衡量一則敘事的效果？

我們很幸運，哈佛大學心理學教授羅伯特．羅森塔爾在一九六五年找到了一種方法。他前往一所加州的公立小學，提議以他新發明的一套智力鑑定工具「哈佛學習變化測驗」，檢測該校的學生。這個測試方法可以正確預測哪些學生在第二年會有優異的學業表現。學校當然同意，於是全部學生都接受了測試。幾週之後，老師收到了一份學生清單（大約占該校學生的二十％），這些學生經檢測都具有很高的潛力。老師被告知這些學生都非常特別。儘管他們過去可能表現不佳，但是測試證明他們「在智性的成長上擁有不尋常的潛力」（學生自己並不知道測試的結果）。

第二年，羅森塔爾回去這所學校，測量這些具有高潛力的學生表現如何。結果和測驗所預測的一模一樣，一、二年級的高潛力學生都有非常優異的成績：一年級學生智商增加了二十七分（班上其他學生則僅增加了十二分）；二年級生智商增加了增加十七分（班上其他學生則僅增加了七分）。此外，高潛力學生的進步幅度超出了原本的預估。老師說他們更好奇、更快樂、更適應，也更喜歡像成年人一樣去體驗成功。甚至連老師都說，他們自己比過去都更喜歡在這個學年教書。

但問題是：「哈佛學習變化測驗」完全是胡扯。事實上，「高潛力的學生」是隨機選出的。這個測試的眞正對象不是學生，而是推動老師與學生之間關係的敘事。

羅森塔爾發現，將「**這些是平庸的孩子**」置換成「**這些是很特別的、決心要成功的孩子**」，就會如指標般指引著老師，採取一系列的行動，引導學生走向未來。故事的眞假無關緊要，學生事實上是隨機選出來的也不重要。一個簡單、引起熱情的想法——**這個學生在智力成長上具有不凡的潛力**，就會調整動機、意識與行爲。羅森塔爾將這些改變分成四類：

①親切（老師更和善、更細心、更能夠與學生產生連結）。
②投入（老師提供更多的學習材料）。
③回應的機會（老師更常請學生發言，並且更仔細傾聽）。
④回饋（老師提供更多回饋，尤其當學生犯錯時）。

有趣的是，這些改變都是很小的細節，在學年中由數千個微小的行爲組成。每當老師與學生互動時，他們腦海中現在與未來之間的連結就會亮起。每當學生處事猶豫不決時，老師就會教導學生懷疑的好處。每當學生犯錯時，老師都會假設學生需要更多的回饋。這些行爲本身的意義都很微小，但當它們合在一起時，就創造出良善的漩渦，幫助學生跨越他們的極限。

這個良善的漩渦也會以不同的方式產生，例如我們在第六章所提及，由華頓商學院心理學家與作家亞當．格蘭特所做的實驗。幾年前，格蘭特受密西根大學的邀請，前往檢視該校電話服務中心邀請校友捐款的績效。這項工作重複性高，內容又乏味，拒絕捐款的比率高達九十三％。密西根大學用過好幾種改善員工績效的方法，例如獎勵或比賽，但是都沒有效果。

格蘭特知道，募款所得的金額有一部分會用作學生的獎學金；如果電話服務中心的員工更了解捐款的實際用途，工作起來或許會更有動力。於是格蘭特找到了一位獲得獎學金資助的學生威爾，並請他寫一封信，說明獎學金對他的意義。節錄如下：

> 面臨選擇的時候，我發現外州的學費相當昂貴。但是我很想要讀這所大學。我的祖父母在這裡相遇，我父親和他四個兄弟都在這裡就讀，我甚至想要爲我弟弟來讀這間學校——他是在密西根大學贏得NCAA大學籃球賽那晚受孕的。我一輩子都夢想著來這裡就讀。我收到獎學金時非常開心，我已準備好進入這所學校，充分善用獎學金爲我帶來的一切機會。這份獎學金在很多方面都改善了我的生活。

當格蘭特與電話服務中心的工作人員分享了這封信後，通話次數與捐款金額立即有了成長，於是他採取了下一步：讓獲得獎學金的學生親自前來服務中心拜訪。拜訪時間只有五分鐘，過程也並不複雜。每個學生都像威爾一樣，分享他們的故事：**我來自這裡。這就是你們所募到的款項對我的幫助**。接下來的一個月，電話撥打時間增加了一百四十二％，每月收入則增加了一百七十二％。獎勵誘因沒有改變，任務也沒有改變，有所改變的只是工作人員接收到明確的目標，而這帶來大大的不同。

羅森塔爾與格蘭特的實驗，與嬌生群起挑戰〈信條〉沒有太大的不同。他們打造出一個具有高度目的性的環境，讓這個地方充滿了將當前的努力與有意義的未來連結起來的訊號，並且就像磁場會吸引指針朝向北方那樣，使用故事來引導動機：**這是我們工作的原因。這是你應該投入精力的地方**。

在下一章，我們要聚焦在建立與培養高度目的性的環境的實際做法。我們會從兩個案例開始，第一個案例是控制世界上最危險的足球流氓，第二個案例則與一群學習操作革命性創新手術的醫生有關。

14 英國足球流氓與外科醫生

馴服流氓

葡萄牙就要毀了。

那是二〇〇四年歐洲國家盃前夕，這場每四年舉辦一次的足球賽無論規模與可看性都僅次於世界盃。上萬名球迷湧進這個陽光普照的國度，前往閃閃發亮的球場。對葡萄牙來說這是一個重要的時刻，這場賽事是他們獻給世界運動舞台的盛會。但是他們要面臨一個困擾歐洲長達數十年之久的問題，也就是英國足球流氓。

四年前在比利時舉辦的比賽就提供了血淋淋的教訓，因此葡萄牙的主辦單位知道將要面對什麼樣的情況。當年，比利時警方爲了防範英國足球流氓，耗費數百萬美元訓練人力，配置最好的防暴裝備、監視錄影以及資訊系統，並與英國政府密切合作，辨識並阻攔滋事分子進入比利時。簡單來說，他們已經盡可能地做好準備。但是這一切都沒有幫助。數千名英國流氓帶著英國國家代表隊一向欠缺的團結，在比利時瘋狂橫衝直撞，他們敲爛商店櫥窗、毆打路人，甚至和手持警棍、消防水管和催淚瓦斯的防暴警察交戰。比賽結束後，有超過一千名英國流氓被逮捕，賽事主辦單位一度考慮將英國球隊逐出比賽，而也有專家在憂慮國際足球比賽是否會成為歷史。

依照大部分社會科學家的說法，這樣的情況是合乎邏輯而且不可避免的，因為英國流氓體現了被稱為「英國病」的工人階級的侵略性。數十年的經驗顯示，這個疾病無法根治，最多只能控制它的症狀。二〇〇四年賽事即將到來，暴動眼看又必然會發生。有位英國作家便寫道，陽光普照的葡萄牙，即將成為「自諾曼第登陸戰後英國最大的侵略行動」的目標。葡萄牙政府為了因應，斥資兩千一百萬美元購買了大量防暴裝備：高壓水槍、警棍、辣椒噴霧與警犬。他們也在找尋新的防治方法，其中包括一位默默無聞的利物浦大學社會心理學家克里福德．斯托特在做的研究。

斯托特是一位直言不諱、留著平頭、專精於群眾暴力研究的學者。他研究過一九九二年的舊金山暴動和一九九〇年的英國人頭稅暴動。二〇〇四年歐洲國家盃來臨前，他正在研究一個新的理論，這個理論與社會歷史的力量不太相關，而是與社交線索有關。他的想法是透過改變警察傳遞出的訊號，就可以停止群眾暴力。他認爲，防暴裝備與武裝車是激起球迷流氓行爲的線索，這些球迷其實也能表現得很正常（他的研究顯示，因爲足球暴力而遭到逮捕的人之中，有九十五%沒有不法前科）。斯托特相信，管制暴動的關鍵就是從根本上停止管制暴動。

斯托特的早期試驗結果令人信服，而葡萄牙當局又十分著急，於是他驚訝地發現自己居然要負責一個風險極高的實驗：有可能用一些社會線索，阻止世界上最危險的足球流氓嗎？

斯托特首先著手訓練葡萄牙警察。第一條規則，就是讓所有的防暴裝備不見蹤影：沒有戴頭盔的警察隊伍、沒有武裝車輛，也沒有防暴盾牌和警棍。相反地，斯托特訓練了一批身穿淺藍色（而不是傳統的黃色）背心的聯絡警官。他們之所以被選上，不是因爲防暴技巧過人，而是由於他們的社交技巧——友善與說笑的能力。斯托特鼓勵他們研究球隊與球迷，並且讓自己擅長談論教練、球場策略和球隊八卦。「我們找出口才好的人，」他說，「他們會歡迎他人並且和別人閒聊所有話題。」

斯托特要面對的更大挑戰是重新調整警察的本能。英國流氓習慣在公共場所踢足球，他們將球高高踢到空中然後落到路人的頭上和咖啡桌上，因而小型衝突不斷，終致釀成大規模的暴動。傳統的警方作業程序，是在公開的鬥毆爆發之前，立即強力地介入，沒收足球。但是斯托特建議，葡萄牙警察要等到足球流氓將球踢到他們的觸及範圍之內，才可以將球沒收。

斯托特說：「你必須遵守共同的遊戲規則。警察不能直接將球拿走，因爲這種強力做法不成比例，而這恰恰就是造成問題的原因。如果你等到球來到身邊再拿起它，群衆就會認爲那是合理的。」

對某些葡萄牙警察來說，斯托特的想法聽起來不合常理也很瘋狂。很多反對者表示，面對暴力流氓幫派時不著防護裝備，簡直魯莽至極。比賽來臨時，英國媒體還以「擁抱暴徒」嘲笑這個計畫，運動界和科學界則是心存疑慮地等著看斯托特的方法是否奏效。

結果斯托特成功了。有超過一百萬名球迷來到葡萄牙，觀看爲期三週的歐洲國家盃賽事，在使用斯托特方法的區域，只有一名英國球迷遭到逮捕。在觀察家記錄的兩千則群衆與警方的互動中，只有〇．四％有失序的行爲。唯一一起暴力事件，發生在一個佩戴頭盔和盾牌、以傳統方式進行管制的地區。

接下來幾年內，斯托特的方法成了歐洲與全世界控制體育相關暴力行爲的模範。這個方法之所以有效，是因爲它傳遞出一連串不受阻礙的持續訊號，建立了一個具有高度目的性的環境。每當員警和球迷說笑、每當球迷注意到員警沒有保護性武裝的時候，都傳遞了這樣的訊號：**我們在這裡是要一起相處的**。每當員警允許球迷繼續踢球時，也都在強化這個訊號。訊號本身都不重要，但是它們加總在一起就建立了一個新的情況。

對斯托特來說，在葡萄牙最有意思的時刻，是一位身穿黃背心的葡萄牙警察在賽事中途遇上一位精力過於充沛的英國球迷，這名警察反射性地使用武力粗魯地拽住球迷。這起事件影響到群衆，人們大聲叫喊與推擠，而那正是斯托特最怕的景象：單一的過度使用武力，會造成災難性的急速惡化。

但是這景象沒有發生，當時球迷反而對身著淺藍背心的警察大叫。斯托特描述道：「球迷們叫喚這名聯絡警官並說：『嘿，你可不可以過來幫我們處理一下這名警察？』他們角色互換了，現在變成這些球迷在管制這名警察。他們在社交上已經和聯絡警官產生了連結，並將他們視爲自己的支持者。」

最快的學習者

檢測任何團隊文化的最佳方法之一就是看它的學習速度，也就是它在新技術的表現上進步得有多快。一九九八年，艾米·埃德蒙遜（我們在第一、第六章提過她）帶領一群哈佛大學的研究員，追蹤十六家醫院的手術團隊對一項新的心臟手術技術的學習速度。這項技術名爲內視鏡微創心臟手術，手術時不用鋸開胸骨，只需微小的胸腔切口即可進行冠狀血管繞道與瓣膜修復手術。這十六個團隊都同樣用上三天的訓練時間，然後回到自己的醫院開始執行這項手術。我們要問的是：哪一個團隊學習得最快又最有效？*

起初，切爾西醫院最被看好。切爾西醫院是一家位於大都會的菁英教學醫院，該院的心血管手術團隊由全國公認的專家C醫生帶領。他參與設計了內視鏡微創心臟手術，並曾以該法做過六十次手術。除此之外，切爾西醫院對這項手術也有高度的組織承諾，還派了幾個部門的負責人去參加培訓課程。

最不被看好的團隊則是蒙頓醫學中心。該中心位處鄉下、規模較小，也不是教學醫院，手術團隊由從未做過內視鏡微創心臟手術、年紀又輕的M醫生領導，團隊成員也同樣缺乏經驗。

如果要你預測哪一個團隊表現得比較好，切爾西會是合理的選擇。但結果是切爾西不但沒有獲勝，還學習得很慢，而且其技巧（由成功完成內視鏡微創心臟手術所花費的時間來計量）在經過十次手術後便停滯不前。此外，該團隊成員並不開心。在事後的訪談中，他們表示感覺很沮喪。六個月後，切爾西的排名位居十六家醫院中的第十位。

另一方面，蒙頓團隊則是學得又快又好。到了第五次手術時，其成員的速度已經超越了切爾西的最快速度；到了第十二次手術時，他們完成手術的時間比切爾西快了整整一個小時，而且效率與滿意度都非常之高。六個月後，蒙頓醫學中心在十六家醫院中名列第二。

這種不是極好就是極差的模式，並不只出現在這兩家醫院。當埃德蒙遜在測定結

＊以下研究中的醫院和醫生名為化名。

果時，她發現這些醫院的團隊不是成效高就是成效低，其呈現不是鐘型曲線，而比較像是兩個分隔的螢幕——不是像蒙頓醫學中心就是像切爾西醫院；非成即敗。為什麼會這樣？

埃德蒙遜發現，答案就在團隊成員在工作目標上產生（或不產生）連結的實時訊號模式中。這些訊號包括五種基本類型：

①**框架**：成功的團隊視內視鏡微創心臟手術為可以造福患者與醫院的學習經驗；不成功的團隊則視其為既有手術方式的附加物。

②**角色**：在成功的團隊中，領導者會清楚告知成員，他們在個別與整體上所扮演的角色對團隊成功的重要性，以及他們要以一個整體來進行手術的重要性；不成功的團隊則沒有如此。

③**演練**：成功的團隊詳盡地演練手術、準備細節、解釋新程序，還會討論溝通方式；不成功的團隊則是在準備步驟上進行得最少。

④**明確鼓勵發言**：在成功的團隊中，領導者會告知看到問題時要發言，成員在回饋的過程中得到積極的指引；不成功的團隊領袖則很少這樣，於是成

員對發言便感到猶豫不決。

⑤**積極反省**：在每次手術之間，成功的團隊會檢視手術的表現、討論未來的案例，並建議改善的方式，例如蒙頓團隊的領導者在手術中便配備頭戴式相機以幫助討論與回饋；不成功的團隊則通常不這麼做。

值得注意的是，上述清單中沒有經驗、手術狀態以及機構的支持等要素。那些要素的重要性，遠不及簡單、穩定傳遞出的實時訊號，這些訊號將注意力轉向更大的目標。這些訊號有時與醫院相關（**內視鏡微創心臟手術是一個重要的學習機會**）；有時與患者相關（**患者會受益**）；有時與團隊成員相關（**你是一起打造未來的一分子**）；有時則會對演練或是反省有價值。但是它們全都具有同樣至關重要的功能：讓環境充滿他們現在正在做的事及其意義之間的敘事連結。

上述清單的另一項特色在於，這些訊號很容易被視爲過於明顯與冗贅。例如，護士與麻醉科醫師等具有豐富經驗的專家，眞的有必要被清楚告知他們**在心臟手術中**很重要嗎？他們眞的有必要被告知，如果見到手術出錯，他們要說出來嗎？

埃德蒙遜認爲，這些問題的答案都是：「是的！」這些訊號的價值並不在它們帶有的訊息，而是它們爲團隊對任務以及彼此的方向給出定位。看似一再重複的訊號，其實是在提供引導。這些訊號從你所聽見的團隊成員的聲音所組成。我們來看成功團隊是怎麼說的：

（外科醫生：）「外科醫生讓自己成爲夥伴而不是發號施令者的能力至關重要。例如，你眞的必須根據團隊中其他人的建議，而改變你（在手術中）正在做的事。」

（護士：）「我們都必須分享知識。例如在上一次的案例中，我們必須插入一條導絲，而我一開始沒發現自己抓錯了導絲。然後我的流動護士說：『蘇，妳抓錯導線了。』這說明了扮演什麼樣的角色並不重要。我們都必須知道一切。你必須像一個團隊那樣工作。」

（護士：）「我們每一次要進行（內視鏡微創心臟）手術時，我都覺得會得到啓發。我可以看出患者做得很好……這是報酬很高的經驗。我很感激我被選中。」

現在我們來看不成功團隊又是怎麼說的：

（外科醫生：）「一旦我有了團隊之後，我就從不（從手術台）抬頭看。他們應該要確保一切進行順暢才對。」

（麻醉科醫師：）「如果不確定某個錯誤會導致不良的後果，我就不會發言。我對假設感到不自在。」

（護士：）「如果我見到內視鏡微創心臟手術在（明天的）手術清單上，我就會想：『喔！真的必須要做嗎？還不如給我一把刀子讓我現在就了結自己。』」

這些話聽起來像是來自不同的宇宙。諷刺的是，雙方都受過同樣的訓練、執行同樣的手術，唯一的不同之處在於一個團隊在整個過程中接收到意義明確的指引，而另一個則沒有。不同之處不在於他們是誰，而是在他們現在所處的位置和他們所要前往的地方之間，一組微小、專注、始終如一的連結。

這就是高度目的性的環境作用的方式。它們所要傳遞的並不是一個大訊號，而是既穩定又十分明確，與共同目標一致的訊號。與其說它們關乎啓發性，不如說比較關乎一致性。人們不需要在偉大的演說中才會發現它們，日常生活中便時刻可以感受到這項訊息：**這就是我們工作的原因；這是我們朝向的目標**。

現在我們已經建立了高度目的性的環境的基本機制，接下來要探索另一個問題：**你要如何打造出這樣的環境？**答案取決於你希望你的團隊所具有的技巧類型。**高效益環境**有助於團隊表現出定義明確又可靠的績效，而**高創意環境**則可以幫助團隊創造新的東西。這個區別非常重要，因爲它突顯了任何團隊都要面對的兩個基本挑戰：一致性與創新。正如我們即將看到的那樣，要在這兩種領域中建立目標需要不同的做法。

15 培養領導力：餐飲大亨丹尼．梅爾

讓餐廳像家一樣溫暖

當想到世界上最具挑戰的環境時，你會想像如死亡谷或是南極洲這種無情暴露出人類軟弱的嚴苛地景而不會想到紐約的餐廳業——除非你知道那裡的存活率有多低。

每年在紐約市開張的新餐廳大約有一千家，他們都很積極，對成功滿懷信心與希望；但是五年後，其中八百家餐廳會消失得無影無蹤。這些餐廳關門大吉的原因在本質上都相同。成功的餐廳就像成功的南極探險隊，需要不斷精進其能力。食物好還不夠，地段好也不夠，服務、訓練、品牌、領導、適應力還有運氣好也還不夠。生存之道取決於是否能夠日以繼夜地將這些都結合在一起，只要失敗，就會消失。

在這個無情的生態環境中，丹尼．梅爾卻創造了不可思議的紀錄。在過去三十年間，他開了二十五家餐廳，除了一家餐廳之外，全都大獲成功。梅爾的第一家餐廳聯合廣場咖啡館，在全球權威美食評級機構查氏餐館調查中，前所未見地九次獲評爲最佳餐廳；他的其他餐廳通常在前二十名中也占據了四分之一。梅爾的餐廳與廚師還贏得二十六個有「飲食界諾貝爾獎」之稱的詹姆斯．比爾德獎。也許更令人印象深刻的是，梅爾的每一家餐廳都很獨特，從酒館、燒烤店、義式餐廳，到如今身價達十五億美元的快速休閒風漢堡連鎖店雪克小屋，應有盡有。

梅爾的餐廳之所以如此成功，是它們創造出來的親切感、連結感，以及可以用**家**這個字來形容的一種感覺。當你走進任何一家梅爾的餐廳，你會感覺備受關懷。這種感覺從周遭的環境與食物中散發出來，而且大部分是來自在裡面工作的人，他們以一種屬於家人的體貼對待每一次的相遇。當我問梅爾的客人與員工，這種感覺是怎麼被創造出來的？他們告訴我兩個故事。

一位最近從中西部搬到紐約的年輕女士，帶著家人到麥迪遜公園十一號餐廳共進晚餐，慶祝她在這個大城市開始新生活——也爲了平息雙親對她在紐約生活的擔憂。晚餐結束前，他們一起看甜點的菜單，這位父親指著一杯要價四十二美元、由法國波爾多滴金酒莊出產的甜白酒，評論紐約物價貴得瘋狂。服務生聽見這位父親的評語，不久就帶了一瓶滴金酒莊的甜白酒，爲每人斟上一杯。服務生說：「很感謝你們今天前來。我聽見你們聊到滴金酒莊。這是世界上最珍貴與最棒的甜白酒之一，我們想要讓各位品嘗，作爲我們的一點心意。」客人發出一陣驚喜的讚嘆聲。

還有一次，內布拉斯加州參議員鮑伯．克里在格雷莫西小酒館用餐時，在沙拉裡發現一隻甲蟲（beetle）。隔天，克里和他的朋友到梅爾的另一間餐廳用餐。他們入座後，服務生呈上一盤沙拉，上頭裝飾著一張紙，寫著披頭四鼓手**林哥**的名字。服務生說：「丹尼想要確保您知道格雷莫西小酒館不是他唯一一家願意用甲蟲裝飾您的沙拉的餐廳。」

如果用餐時提到那天是你的紀念日或是生日，餐廳會記住；如果你喜歡窗邊的餐桌，餐廳會記住；如果你喜歡帶有硬邊的麵包，餐廳也會記住。*這些任務並不簡單，

---

* 這些大多會在訂位時進行，服務生與經理會記下客人的偏好。我見過一份顧客的備註上寫著：**喜歡麵包有多一點奶油；需要很多愛**。

因爲它們需要不間斷的留意與行動。那位帶來滴金酒莊甜白酒的服務生必須：留心那位興奮、滿懷希望的年輕女士與她憂心忡忡的父母之間的互動；注意到那位父親對酒的評論；想出一個好主意；被賦予能夠花餐廳的錢採取行動的權力；以及優雅地呈現這項行動。這個環節在任何一點都可能斷裂而無人發現；但是它並沒有斷，所以創造了梅爾餐廳招牌的溫暖情感。但是梅爾怎麼能夠在這麼多的餐廳裡，做得如此確實？

為優先事項命名

當你和梅爾面對面入座後，他的雙眼會帶著同理心，興味盎然地盯著你看。他的肢體語言放鬆中帶著警覺，但是並不匆忙。他的語調穩定，帶著彷彿是美國演員吉米．史都華那種來自中西部的眞誠感。如果你問他一個問題，例如：紐約最棒的漢堡是什麼？他在回答前會先停頓。他早已付出好幾百個小時在探索這個問題，所以他知道得相當多。但是當他回答時，答案跟他的知識完全無關，而是與你有關。

「這個嘛，」他說，「你喜歡什麼樣的漢堡，和你處於什麼樣的情緒有關。」

我們在他的小豬（Maialino）義大利餐廳吃早餐，靠近格雷莫西小酒館。我們周遭的梅爾風格在令人心曠神怡的氛圍中運轉：新鮮的花朵從陶瓷花瓶中探出頭，愉快的用餐者和殷勤的服務生閒聊。我們聊到梅爾曾在三一學院攻讀政治學，參與過一次總統大選的活動（這幫助他在根本上將每一位工作人員視爲志願參與者）。就在那個時候，我後方的一位服務生意外地將餐盤掉到地上，好幾個玻璃杯也同時摔落。

就在那極爲短暫的片刻，一切動作都停止了。梅爾舉起一隻手指暫停了我們的對話，好讓他仔細觀察接下來發生的事。掉下餐盤的服務生開始撿起碎片，另一名服務生則拿來掃把和垃圾桶。清理工作很快就完成，每個人又回頭用餐。然後我問梅爾：爲什麼要這麼仔細地觀察？

他回答道：「我在留意事後所發生的事情，並觀察他們的能量層級有沒有提升。他們合力善後，其能量層級不是提升就是下降。如果我們的工作做得正確，那他們的能量層級應該會提升。」他將雙拳握起，然後張開手指表現出爆發的姿勢。「他們在創造提升的能量，這和工作任務本身沒有關係，而是和彼此與後續的事情大有關係。這和蟻穴還有蜂巢內的情況沒有什麼不同。每一個動作對其他人都有意義。」

我問梅爾：不好的互動看起來是什麼樣子？他說：「會有兩種情況。一個是他們漠不關心，例如『我做好自己的工作就好』之類；或者他們對另一個人或是對情況感到生氣。如果我見到這樣的情況，我就知道其中有著更深層的問題，因爲我們的首要任務就是照顧彼此。我以前並不總是了解這點，但是我現在知道了。」

梅爾開始告訴我他的背景故事，諸如他在聖路易的童年生活、早期對食物與旅行的迷戀、從事旅館和餐飲業的父親與他情感疏離等。梅爾最後從法學院轉換跑道進入旅館業，直到一九八〇年代中期他剛開始經營聯合廣場咖啡館時，他的教育才算眞正開始。

「我不知道怎麼看懂資產負債表，」他說，「我什麼都不懂。但是我知道我想要讓人們有什麼樣的感受。我想要他們很難分辨出自己是待在家裡還是出門在外。」

爲了做到這點，梅爾依賴他的直覺。他雇用來自中西部的人，以提高親切感。他親自訓練員工，模擬各種服務生與用餐者之間會發生的情境。在經營初期，服務速度比較慢的時候，他會以免費的紅酒安撫客人，還會讓員工擁有得以視情況提供免費餐點的權力。他養成收集各種有趣資訊的習慣，讓客人更有家的感覺。他格外留意使用的語言。他很厭惡服務生說出像是「你還在做那件事啊？」（這樣不行！）或是「東西都合你的意吧？」（毫無人情味！）之類的措辭。他努力打造出一種語言，讓顧客感覺工作人員是和他們站在同一邊的。例如，當顧客訂不到位子時，他會說：「可否告知您方便的時間範圍？這樣如果有人取消訂位我就可以馬上為您安排。」

聯合廣場咖啡館是很成功的事業，梅爾總是隨時在門口送往迎來、在餐桌間周旋與清理髒汙。一九九五年，梅爾開了他的第二家餐廳格雷莫西小酒館。那時事情開始變得艱難起來。服務水準開始滑落、食物品質不一致、顧客也不開心。梅爾在兩家餐廳之間奔走，絞盡腦汁想要改善績效，卻完全沒用。他說：「那完全就是一場惡夢，有夠悽慘。我在兩家餐廳疲於奔命，但是沒有一家表現得如我所願。這是很典型的情況。我的意思是，這就是為什麼大多數人只開一家餐廳的原因。」

一件發生在格雷莫西小酒館的事件，讓梅爾的情況更是雪上加霜。一位常客為了要舉辦午宴，預點了六份鮭魚。她吃了一半，然後告訴服務生她不喜歡這道菜，想要改點別的餐點。服務生呈上新的餐點後，詢問經理：鮭魚是否仍應該保留在這位女士的帳單上？經理回說：應該要，畢竟這位女士吃了大半鮭魚，而且餐點本身並沒有什麼不妥。這位女士付帳時，餐廳還把她吃剩的鮭魚打包給她。她回到家之後寫信給梅爾：「我不敢相信我居然會被如此羞辱與挖苦，我沒有想到你的餐廳會做出這種事。」

「她說得十分正確，」梅爾說，「而這才是最糟糕的：餐廳裡的每個人都覺得自己做得很好。經理認為他們做得很好，服務生認為他們做得很好，每個人都站在那裡看著這件事發生，沒有人出面阻止。我們花費了無數的時間訓練大家不要這樣做，但他們還是做了，而我們卻無法控制。那時我意識到，我必須建立一種語言、指導大家行爲的方法。我無法讓大家光看我親力親爲建立模範，就都能了解並做到同樣的事。我必須開始爲事情命名。」

幾週之後，梅爾邀請全體員工到哈德遜河畔、他週末會去的幽靜住所，開始就價值觀進行對話：**價值觀到底是什麼？它們代表什麼？何者優先？**

「鮭魚事件就像是普利茅斯岩石（譯者注：一六二〇年清教徒搭乘五月花號抵達美國時，踏上陸地的第一塊岩石。），」梅爾餐廳的母公司聯合廣場餐飲集團開發總監理查·柯瑞恩說，「丹尼了解到他必須同時身處兩個地方。也就是說，他必須要找到傳遞訊號的方式。大家對老闆覺得重要的事要有回應，所以丹尼必須定義並告訴我們什麼是重要的事。」

梅爾和員工列出他們的優先事項：

①同事。

②客人。

③社區。
④供應商。
⑤投資者。

對梅爾來說，這是一次突破。「爲那些事情命名的感覺非常好。將所有事情攤開來講。造成鮭魚事件的那位經理最後離開了餐廳，那時事情就開始轉好，而且我了解了我們如何對待彼此最重要的事。如果我們這件事情做得好，那麼其他事情也會跟著到位。」

梅爾以類似的方式，試圖爲他想要在餐廳打造出的特定行爲與互動命名。他原本就已經在訓練中非正式地使用各式各樣的口號——他有本事將想法淬煉成有用的格言。但是現在，他開始更深一層地留意這些用語，將它們想成是工具。例如：

- 閱讀客人。
- 如運動員般敏捷、熱情的待客之道。
- 收尾要漂亮。

・精準到位。
・愛上問題。
・找到肯定。
・收集點點與連接點點。
・爲客人營造渴望。
・一體適用。
・臭鼬行爲。
・寬厚原則。
・同類花園種同類的草。
・寧可大方過頭也絕不吝惜。
・注意自己的情緒餘波。
・擁抱帶來擁抱。
・追求卓越是本能。
・你是幫助別人讓事情得以完成的執行者，還是妨礙別人的守門者？

表面上，這些看起來像是非常普遍的公司格言。事實上，其中每一句都有小型的敘事功能，爲解決員工面對的日常問題提供了鮮明的心智模型。**寬厚原則**的意思是，當有人表現惡劣時，你應該避免批判他們，而是先假設對方並無惡意。**收集點點**的意思是收集客人的資訊；**連接點點**的意思則是運用那些資訊創造快樂。**臭鼬行爲**指的是在工作環境中散播負能量，就像臭鼬在受到驚嚇時所做的那樣。每一句用語本身都不起眼，但是它們合在一起不斷透過行爲重複與塑形，便創造出更大的概念框架，與團隊的認同感連結在一起，並表達出其核心目的：**我們關懷別人**。

梅爾愈來愈刻意在言談中嵌入他的口號，並且在員工訓練、員工會議以及所有溝通中，都說明優先事項爲何。他督促他的管理階層也找機會使用那些口號，並形塑關鍵行爲。他開始將自己視爲文化傳播者，而這眞的產生了效果。沒幾個月，兩家餐廳的氛圍都有大幅度的改善。梅爾繼續穩定地擴展與修飾使用的語言。「一定會有些事情是最爲優先的，無論你是否爲它們命名。」他說，「但如果想要有所成長，你最好爲它們命名，也最好爲幫助這些優先事項的行爲命名。」

在鮭魚事件幾年後，在紐約大學攻讀組織行爲學的博士生蘇珊・雷利・薩加多，對梅爾的餐廳如此與衆不同的原因感到好奇。她注意到當服務生描述自己的工作時，通常都使用相同的字眼：**家、家人、親切感**。她問梅爾是否能以這間餐廳作爲她論文的研究對象，梅爾不但欣然同意還提供她一份工作。薩加多在聯合廣場咖啡館工作了六個月，她仔細觀察員工彼此以及與顧客之間的互動，注意到其中有著她稱之爲「微過程」（micro-processes）的東西在推動這些互動。她在論文中總結道：「聯合廣場咖啡館透過一套互相協作的人力資源管理方法，來做到『開明的待客之道』。這套方法與三個關鍵做法有關：以情緒能力爲標準來選擇員工；尊重員工；用一套簡單的規則來管理，以激發複雜而精細的行爲，而使顧客受益。」

用一套簡單的規則來管理，以激發複雜而精細的行爲，而使顧客受益。換言之，薩加多發現梅爾和挑戰〈信條〉的詹姆斯．柏克一樣，圍繞著一組簡單、清晰的優先事項建立參與感，它們就有如燈塔一般，引導成員的行爲，提供通往目標的道路。

經驗法則

這一切都直指一個更深入的問題：這些口號以及優先事項的清單，究竟如何讓員工表現得如此流暢與熟練？我們可以從一個不太有關係的地方獲得答案：一種叫作黏菌的小型有機體。

黏菌是一種由數千個變型體組成的團狀有機體，歷史非常古老。黏菌多半都很被動、靜態，而且完全不起眼；但是當食物不足的時候，數千個變型體便會開始以美麗又有智慧的方式一起工作。一九四〇年代，哈佛大學學生約翰·泰勒·邦納拍下黏菌的縮時攝影，並製成影片播放給全校觀看。消息傳出去後不久，講堂上就擠滿了看得如癡如狂的群眾；連愛因斯坦也提出要求，想要私下觀看這部影片。《紐約先驅論壇報》記者J·J·歐尼爾告訴邦納，他做的事比發明原子彈還要重要。

這部影片的開場是四處散落而沒有連結的小型灰色團塊，之後變型體彷彿在回應一個無形的訊號般，一致往中心移動；數千個變型體在中心合在一起，形成一個單一的有機體後，又開始移動。此時在這個有機體的頂端，產生了另一種變化。有一些變形體往上攀爬形成一條梗，其他變型體則爬過它們，變成孢子，隨風四散繁殖。這整件事十分神奇而且協調流暢，像是有一位隱身幕後的指揮家在輕聲細語地指導：**你過去這裡，現在來這裡，現在合在一起**。這部影片相當轟動，因爲它體現了一個很深奧的神祕現象：爲什麼這麼有智慧的群體行爲，會發生在沒有智能的生物上？

好幾年來，研究者都認爲那是由一種「組織者細胞」所造成的，這種細胞有如教官，告訴其他細胞何時該做些什麼。但後來發現，所謂的組織者細胞並不存在，在其中發揮作用的是一種更強大的東西：一套會驅動行爲的簡單規則——「經驗法則」（heuristics）。

在雪梨大學研究黏菌的瑪德琳·畢克曼說：「我們都假設：因爲我們很複雜，所以我們做決定的方式也很複雜。但事實上，我們所使用的是很簡單的經驗法則。黏菌告訴我們，團隊可以使用一些經驗法則來解決極爲複雜的問題。」

以黏菌爲例，其經驗法則爲：

- 如果沒有食物，就彼此連結。
- 連結之後，保持連結並且移往光亮處。
- 到達光亮處之後，保持連結並且攀爬。

畢克曼說：「蜜蜂、螞蟻和其他物種都是以同樣的方式工作，牠們在決策上全都是使用經驗法則。我們沒有理由不使用它。如果你看看這些物種，就能感受到這種連結。牠們和我們一樣，都在尋求整體的目標。」

畢克曼和黏菌讓我們能夠以新的方式來思考丹尼・梅爾的口號為什麼會運作得如此成功。它們並不只是口號，而是提供指引的經驗法則，以鮮活、令人難忘的方式，創造「如果某事發生，應該怎麼處理」的情境。從結構上來說，**如果有人無禮就以寬厚原則對待**以及**如果沒有食物就與彼此連結**，兩者之間並沒有區別。兩者都是概念上的明燈，創造出狀態意識，在有可能感到困惑的時候提供清晰的指引。這就是為什麼在梅爾的口號中，有許多是聚焦在如何回應錯誤：

- 你無法避免錯誤，但是可以優雅地解決問題。
- 如果沒有碎裂，就修好它。
- 錯誤就像海浪，服務生就是衝浪者。
- 通往成功之路，是由應對良好的錯誤所鋪成。

這種技巧不只是傳遞出訊號，也是在建立與其相關的參與感。這就是梅爾的卓越之處。他就像流行歌的詞曲作家一樣，帶著專注的熱情在創造口號。他持續不懈地創作，測試哪些口號有用。那些活潑明快、發自內心的短語，以生動的比喻幫助團隊成員彼此連結。理查．柯瑞恩的辦公室有一面寫滿待辦事項的白板：

．我們領薪水是為了解決問題。一定要挑選有趣的人來一起解決問題。
．犯錯有其美好之處。
．積沙成塔。

梅爾並不孤單。許多高績效團隊的領導者也都專注於建立優先事項、為基本行為命名，並且讓環境中充滿著連結這兩者的經驗法則。例如，如果你在紐西蘭國家橄欖球隊 All Blacks 待上一陣子，你會聽到他們說：「將球衣留在更好的地方」「如果在任何地方都沒有成長，你哪裡都去不了」「要藍色頭腦不要紅色頭腦」（意思是在壓力之下要保持冷靜）「壓力是特別待遇」「全品質好球」「讓球活著」「盡全力，不然就滾蛋」「這是榮譽，不是工作」「為差異而努力。」以及「更好的人讓球隊變得更好」等。

績效卓著的奇普特許學校同樣有一些口號，像是：「沒有捷徑」「勤勉、良善」「不吃棉花糖」「團隊與家庭」「如果有問題，我們就尋求解決之道」「閱讀吧，寶貝，閱讀吧」「我們都要學習」「奇普人在沒人看到的時候也要做正確的事」「每件事都是努力而來」「要當常數，不當變數」「如果團隊成員需要幫助，就給予幫助；如果我們需要幫助，就開口求助」「不當機器人」以及「向懷疑的人證明他錯了」等。

乍看之下，充滿經驗法則的文化有點令人厭煩。雪克小屋的資深行銷公關經理艾莉森．斯塔德說：「我在那裡工作的頭幾天，聽到那些口號時，感覺就像是：『我們是到了夏令營嗎？』非常造作、老套。但是之後你開始見識到那真的有效，而且你開始運用在日常生活中。突然間，這些口號再也不老套了，它們成了空氣的一部分。」

柯瑞恩說：「那些口號最強大的地方，是丹尼體現它們的方式。他特別厲害之處在於，他知道人們無時無刻不在盯著他；而他每天、每分、每秒都在傳遞那些訊息。他就像是一個強大的無線網路訊號。有些人送出的訊號強度只有三條，但是丹尼的訊號強度是十條——而且從不低於九條。」

16 鍛鍊創造力：皮克斯的創意管理

管理就是一門創意

丹尼．梅爾、奇普特許學校與All Blacks紐西蘭國家橄欖球隊建立目標的技巧，基本上都相同。我們可以稱其爲「燈塔方法」：藉由發出連結A（我們所在的地方）和B（我們要去的地方）的清楚訊號，來建立目標。然而，領導力還有另一個維度，它的目標不是從A到B，而是要導引你到一個未知的目的地X，這是屬於創造力與創新能力的維度。

創意領導令人覺得很神祕，因爲我們通常將創意視爲一種天賦，就像是魔術一般的能力，能看見尚未存在的事物並發明它們。有鑑於此，我們會認爲創意領導者是可以打開靈感泉源的藝術家；而對我們其他人來說，他是難以接近的天才。確實，有些領導者符合這樣的描述。

但有趣的是，當我拜訪具有成功創意文化的團隊時，並沒有在他們的領導者中看到許多藝術家，而是遇見一種不同的類型——他們往往安靜地說話、喜歡花很多時間觀察，既內向又喜歡談論系統。於是我開始將這種類型的人視爲創意工程師。

艾德文．卡特姆就是這樣一位領導者。七十二歲的卡特姆聲音柔和，留著硬挺鬍子，雙眼慧黠有神。他是有史以來最成功的創意文化公司——皮克斯的總裁與共同創辦人。世界上其他動畫工作室只希望偶爾能創造出成功的作品，但皮克斯的每部作品卻都是大受歡迎的巨作。自一九九五年起，皮克斯製作出十七部故事片，平均每部電影擁有超過五億美元的票房，並贏得十三座奧斯卡金像獎，創造出我們這個時代最受歡迎的一些文化標竿。十年前，卡特姆在華特．迪士尼動畫工作室兼任共同領導人，還幫助該工作室製作出一系列賣座大片，包括《冰雪奇緣》《大英雄天團》以及《動物方城市》。

皮克斯總部位於加州北部的愛莫利維爾市，我在其時髦的布魯克林大樓與卡特姆碰面。二〇一〇年建造的布魯克林大樓由玻璃和木材構築而成，日照充足，裡頭的裝潢充滿皮克斯的風格，有祕密酒吧、壁爐、全桌邊服務咖啡館以及屋頂露台。它是我見過最令人讚嘆的建築之一（就像一位早期參訪者所說：「感謝它毀了我往後的人生。」）。我們在一道道射入建築的陽光下走著，我一邊隨意評論著大樓的美好。

卡特姆停下步伐，轉身面對著我。他帶有權威感的輕柔語調，像是醫生在診斷時的聲音：「其實，這棟建築是個錯誤。」

我靠得離他近一些，我懷疑我是否有哪裡聽錯了。

「這棟建築之所以是個錯誤，」卡特姆繼續平靜地說，「是它沒有創造出我們需要創造出來的那種互動。我們應該讓穿堂更寬敞；我們應該將咖啡館建得更大，以容納更多人；我們應該將辦公室放在邊緣，好在中間挪出更多共享的空間。所以其實這棟建築不只是個錯誤而已，它眞的有很多問題，其中還有很多更大的錯誤是我們直到最近才發現的。」

一個公司的總裁說出這樣的事情是很不尋常的。如果你讚美他們斥資數百萬美元興建的美麗建築，他們會表達感謝——而且他們是眞的感謝你。大部分領導者不會承認如此大規模的錯誤，因爲他們覺得承認這種事情會讓人感到他們很無能。但是對卡特姆不是如此，他喜歡這些時刻；就某個角度而言，他甚至是爲了這些時刻而活。他的凝視不帶有責備或是批判，只有出於內在明晰的安靜滿足感。**我們在這棟建築上犯了一些錯誤，現在我們知道了，而且我們因爲知道了這件事而稍微變得更好一點。**

如果你要著手設計一個能完美結合藝術與科學的生活，你設計出來的可能看起來就是卡特姆的生活。卡特姆的雙親是教育家，他早期崇拜愛因斯坦與迪士尼，研究繪畫與物理，並且夢想可以製作出達到正片長度的動畫電影。大學畢業後，他和喬治·盧卡斯一起工作，之後與史蒂夫·賈伯斯合作，並創立了皮克斯。皮克斯工作室規模雖小，卻有結合電腦與電影製作的雄心壯志。

皮克斯掙扎了好幾年，終於在一九九五年推出《玩具總動員》，帶來三億六千萬美元票房的收入，但卡特姆卻開始擔心他們會失去平衡。他知道其他公司經歷過這種情況——位於世界頂端、賺進大把鈔票、因創意與創新受到讚揚，然而它們最後大多會跌倒、迷失方向並且坍塌。問題是：爲什麼？皮克斯又要如何防範？卡特姆曾經在一個播客節目中談到這個時刻。

「所以問題在於你要如何讓它永續？因爲在這些（失敗的）公司中，我所認識的人——我在矽谷可是有很多朋友——都很聰明、很有創意，也都很努力。所以不管到底是什麼問題導致他們走錯了路，都非常難以看清；但是這也代表著，不管那個力量究竟為何，皮克斯終究也會面臨同樣的狀況。因此這就成了一個很有趣的問題。那些力量確實在作用著，我們是否可以在它們作用在我們身上前，把它們找出來？所以在年底時，我明白了這就是我們接下來的目標。我們的目標不是電影，而是我們如何才能擁有一個可以找到並解決這些問題的環境。」

我們離開布魯克林大樓，穿過校園，走向史蒂夫．賈伯斯大樓，那裡有布魯克林大樓欠缺的許多特色：一個巨大而溫馨的中庭、聚會用的寬廣走廊，以及如蜂巢般嗡嗡作響的聲音。二樓階梯旁是皮克斯創意事業兩位重要人物的辦公室，左邊是約翰．拉賽特的辦公室，他是皮克斯創意的指針、說故事的大師與繆思。他的辦公室幾乎被各式新舊玩偶、洋娃娃以及數十種版本的米老鼠、胡迪警長和巴斯光年模型所掩埋。右邊則是卡特姆的辦公室，以黑、白、灰三色粉刷，看起來既酷又有效率，好像是從某個德國航空公司直接搬運過來一樣。

卡特姆坐下後，開始以他醫生般的冷靜語調，說明皮克斯的創意如何產生。「所有電影一開始都很糟，有些還糟到不行。例如《冰雪奇緣》和《大英雄天團》一開始簡直就是徹底的災難。故事扁平，角色也缺乏靈魂。眞的有夠爛。我這不是客氣的說法。我有參加那些會議，我見過早期的版本。都很糟糕，眞的非常糟糕。」

這樣的模式在皮克斯並不少見。在《玩具總動員》原來的版本中，胡迪一開始是個頤指氣使、令人討厭的角色（「尖酸刻薄的討厭鬼。」卡特姆說）。早期版本的《天外奇蹟》糟到整個故事都被改寫。「事實上，唯一保留下來的就只有《天外奇蹟》這個名字。」他說。

大多數人在講述他們成功創作的故事時，往往會是這樣的：**這個計畫一開始是一場徹頭徹尾的災難，但是在最後一刻，我們成功地拯救了它**。這條弧線十分吸引人，因爲它戲劇化地突顯了救援這場災難的難度，並將講述者置於讓衆人欽羨的鎂光燈底下。但是卡特姆不這麼做。對他而言，災難和救援並不是水火不容，而是因果上的必然。事實上，這些計畫剛開始是令人痛苦、沮喪的災難並非偶然，而是必要的，因爲所有具有創意的計畫都涉及成千上萬種選擇以及成千上萬個潛在的想法，而且你幾乎永遠無法立即得到正確的答案。在創意團隊中建立目標，並不是要創造一個輝煌的突破性時刻，而是要建立能夠透過大量想法來創造的系統，幫助我們做出正確的選擇。

卡特姆知道，與其關注想法，不如更專注在人的身上——特別是要爲團隊提供工具與支持，以利他們找到方向，做出困難的選擇，並且在艱澀的過程中一起探索。「和其他企業一樣，我們公司通常也都將想法、主意視爲與人或團體相對立，但這是不對的。將好的想法提供給平庸的團隊，他們會找到方法毀了那個想法；將平庸的想法提供給好的團隊，他們會找到方法讓它變得更好。目標應該是要調整團隊，讓他們朝向正確的方向，並且讓他們明白哪裡犯了錯以及哪裡有進步。」

我問卡特姆：如何得知團隊在進步？

他回答說：「你大多可以在房間內感覺得出來。當團隊沒有成效時，你會見到防禦性的肢體語言，你會看到大家變得封閉，或是保持一片沉默。他們不再提出想法，或是他們看不到問題在哪裡。我們經常將史蒂夫（賈伯斯）當作是敲打他們的一塊木頭，讓他們看到電影中的問題——史蒂夫很擅長這件事。

「但是這變得愈來愈難了。因為導演的經驗會愈來愈豐富，就更難聽進其他可能對他們有幫助的意見。你必須做對非常多的部分，而要掉入漩渦中也非常容易。你的第一個結論通常是錯的，第二和第三個也是。所以必須打造出一種機制，讓團隊可以繼續一起工作，明白到底發生了什麼事，然後一起努力解決問題。」

皮克斯在他們例行的習慣中體現了這樣的機制。在早上的日常檢視中，皮克斯所有員工聚集在一起觀看並評論前一天拍攝好的鏡頭（動畫特別花時間，每天只能產出幾秒鐘的影片）；在實地考察旅行中，團隊置身於電影中的環境（《海底總動員》團隊是潛水，《勇敢傳說》團隊是射箭，《料理鼠王》則是烹飪課程）；在「腦力信託」會議中（第七章討論過），皮克斯的頂尖說故事團隊會針對在發展中的影片提供完全坦誠又令人痛苦的回饋；皮克斯大學裡有各式各樣的課程，讓公司裡不同領域的成員並肩學習（課程從製作圍籬、繪畫到太極拳，應有盡有）；在事後檢討會，也就是卡特姆在電影完成後所組織的外出靜思會中，團隊成員會回想並分享他們在過程中得到的最大收穫。

每次聚會都將成員帶入一個安全、直接、高度坦誠的環境，讓他們指出問題，產生推動團隊的想法，逐步提升到更好的解決方案（不意外地，卡特姆是日本「持續改善」概念的仰慕者）。大部分的會議都可以獲得整個團隊的智慧，創意團隊也可以同時保有自己對整個計畫的所有權。*

卡特姆幾乎不直接參與創意的決策，因爲他明白：團隊在解決問題上比他位置更好，而有權勢者的意見通常會被遵從。他經常用到的措辭就是：「現在由你決定。」也因此，他通常會讓他覺得有問題的計畫繼續進行得「可能太久了一點」，之後才結束計畫或是由不同的團隊重新開始。「如果在所有人都準備好之前就重新開始，就會冒著令人不安的風險。你必須等到所有人都清楚它需要重新開始之後才可以這樣做。」

儘管卡特姆天生就不喜歡格言和口號——他認爲格言和口號能輕易扭曲事實，在皮克斯的走道中還是聽得到一些「艾德文說」。例如：

・雇用比你聰明的人。
・要早點失敗，經常失敗。
・傾聽所有人的想法。
・面對問題。
・次級作品有害靈魂。
・投資在好的人身上，比投資在好的想法上重要。

---

* 在許多具有高度創意的團隊中都會見到這個模式，例如洛克希德公司有名的臭鼬工廠（它以創紀錄的時間設計出U2、黑鳥、夜鷹，以及其他傳奇機種）、全錄公司的帕羅奧多研究中心（它發明出史蒂夫．賈伯斯「借用」到蘋果公司的電腦介面）、Google X實驗室、消費性用品大廠寶僑的黏土街，以及玩具公司美泰兒的鴨嘴獸專案等。這些團隊基本上都有相同的地位：與母公司實際距離遙遠、非階級制，並被賦予完全的自治權。

你會注意到，這些口號和丹尼·梅爾鮮活、特定的語言相反，它們不琅琅上口、平淡無奇到幾乎具有禪意。這反映出能力上的領導與創意上的領導，基本上大不相同：梅爾需要人們知道並確實感覺到該做什麼，而卡特姆需要大家自己去發現。

卡特姆平常會在皮克斯和迪士尼之間走動、觀察。他幫助新員工進入狀況、觀察「腦力信託」會議，以及關注彼此間的互動以留意問題或是成功的初期徵兆。他會另闢溝通管道，找出檯面下到底發生了什麼事。當他看到奇怪的沉默或是人們在迴避接觸彼此時，心裡就會憂慮；當他看到團隊在獲得許可前就主動採取行動，會給予讚揚（例如有一群動畫師在皮克斯的草坪上即興舉辦了一場以童子軍為主題的派對）。而當團隊犯錯時，他會維護他們（儘管他們有時犯的錯誤代價極為高昂）。

如果丹尼·梅爾是燈塔，散發出指向目標的訊號；卡特姆則更像是一艘船艦的工程師，他不掌舵，而是在甲板底下四處遊走，檢查船身是否漏水、更換活塞、為這裡或那裡加一點油。「對我來說，管理就是一門創意活動，」卡特姆說，「它是在解決問題，而我喜歡做這件事。」

改造迪士尼

如果你要實地實驗卡特姆的領導方法，可能會包含以下幾個步驟：找一個陷入困境的工作室，讓卡特姆來掌管，並且在沒有更換任何成員的情況下，允許他重新調整團隊的文化。然後你就等著看接下來會發生什麼事。

事實上，那就是發生在二〇〇六年的事。那個陷入困境的工作室，恰好就是華特．迪士尼動畫公司。迪士尼在一九九〇年代的一連串成功之後，進入了爲期十年之久的創意荒漠，在這期間他們的影片既膚淺又枯燥，當然也不賺錢（其中包括《亞特蘭提斯：失落的帝國》《熊的傳說》《星銀島》，以及由羅珊．巴爾配音、會打飽嗝的母牛領銜主演的《放牛吃草》）。因此迪士尼執行長鮑伯．艾格想爲公司進行一場換心手術：他買下皮克斯，讓卡特姆和拉賽特執行這個任務，以重振這個在動畫界，或者說是在整個娛樂圈中最有故事性的品牌。

大部分的評論家都不期待這樣的結合能有什麼效果。新創公司會受到規模差異的影響；皮克斯相對小很多，而迪士尼則很巨大，很難想像卡特姆與拉賽特能控制它。《財星》雜誌就評論說：「就好像是小丑魚尼莫要吞下大鯨魚一樣。」另一個因素則是在地理上的差異：皮克斯在靠近奧克蘭的愛莫利維爾，而迪士尼則是在三百五十英里之外的柏本克。娛樂產業的歷史顯示，像這樣的併購風險太高，而且通常對雙方都有害。

交易完成之後，卡特姆和拉賽特前往柏本克，對迪士尼員工演講。拉賽特的演講很激勵人心，他談到傳承與重振；卡特姆則很典型地圍繞著兩句話打轉：「我們不是要將迪士尼變成皮克斯的複製公司，我們是要根據你們的天賦與熱情建立一間工作室。」

他們從實體的結構開始著手。在併購的時候，迪士尼員工四散在巨大建築物的四個樓層，他們分別處於以專長（動畫、美工、設計）區分，而不是以他們的協作能力來區分的團隊中。卡特姆重新建立區分的系統，他將所有的創意與技術人員集中在一個名為「咖啡因園地」（Caffeine Patch）的地方，接著將他與拉賽特的辦公室（他們承諾每週會在迪士尼兩天）移到靠近中心的地方。

接下來，卡特姆專注在創意的結構。迪士尼一直以來都使用傳統的影片開發模式：主管建立負責生出故事的開發團隊；主管評估那些想法、決定哪些可以發展，並為每個故事指派導演；導演拍攝電影，而主管則評估早期版本、提供備註，偶爾還會舉辦名爲「烘烤」的比賽，以決定哪部電影可以上映。

卡特姆顚覆了這個系統，他將創造力放到導演的手中。導演負責構思並推銷自己的想法，而不是由主管指派給他們。主管並不是決定一切的老闆，而是要在導演及其團隊從想法到可行的概念、再到完成影片這個痛苦的過程中，給予支持的力量。在初期，卡特姆會邀請迪士尼的導演與主管，到皮克斯參觀「腦力信託」會議。他們會觀看皮克斯的團隊一起把影片批評得體無完膚，再艱苦地重建起來。

迪士尼內部的能量立即有了轉變。迪士尼導演將其比喻爲如同柏林圍牆倒場般，帶來了新鮮的空氣。這是充滿希望的時刻，迪士尼團隊隨後的電影改善會議（他們稱之爲「故事信託」）亦被評爲最好也最有效的方法。

然而卡特姆並不急著慶祝，因爲他知道眞正的改變不會在一夕之間發生。「這需要時間。你必須經歷一些失敗以及搞砸一些事情，還得要撐過去，並且在這當中支持彼此。在這之後，才會眞的開始相互信任。」

事實證明確實如此。併購之後的開頭幾部影片立刻有了起色，得到的評價更好，票房也很成功。二〇一〇年，迪士尼團隊開始趕上皮克斯的水準，包括《魔法奇緣》（全球票房達五億九千一百萬美元）、《無敵破壞王》（四億七千一百萬美元）、《冰雪奇緣》（十二億美元）、《大英雄天團》（六億五千七百萬美元）和《動物方城市》（九億三千一百萬美元）。卡特姆說，這種轉變是在員工完全沒有流動的情況下做到的。「製作出這些影片的人，是當初面臨失敗的同一批人。我們加入一些新的系統，讓他們學到了互動的新方法，然後他們改變自己的行爲。如今，他們在工作時已經是完全不一樣的團隊了。」

我們加入一些新的系統，讓他們學到了互動的新方法。創意與創新的浪潮，可以藉由改變系統與學習新的互動方式等如此平凡的作爲來開啓，令人感覺相當奇特。但這是事實，因爲打造創造力的目標並不是眞的跟創造力有關，而是關乎建立所有權、提供支持，並將團隊的能量與艱苦、充滿錯誤、最終實現創造新事物的旅程相結合。

17 實作的步驟與方法

關於成功的文化，有一項令人驚訝的事實：它們很多都是在危機時刻中形成的。例如皮克斯的危機發生在一九九八年，當時他們想直接以錄影帶的形式推出《玩具總動員2》。皮克斯以爲這會是一個相對簡單的過程——畢竟，做出一部續集能有多難呢？但是初期版本糟透了。故事缺乏情感、角色乏味，而且影片缺少第一集的生氣與靈魂。卡特姆與拉賽特明白，這個問題攸關皮克斯的核心目標：他們是要當一個生產平庸作品的工作室就好，還是要追求卓越？在兩人的敦促下，皮克斯於是丟棄了早期版本，在最後關頭從頭開始，致力於發行戲院上映版而不是錄影帶。這個在最後關頭的努力，讓皮克斯認清自己的定位，並讓他們發明了許多招牌的協作系統（包括「腦力信託」）。

海豹部隊在一九八三年入侵格瑞那達期間，也經驗了類似的時刻。這項任務很明確：一組人馬傘降到海上、游到岸邊、攫取格瑞納達唯一的無線電天線。但很不幸，天氣、不良的通訊與錯誤的決策，讓他們在暴風雨的夜晚空降至該海域，四名海豹部隊成員因裝備過多，不幸溺斃。這使得該團隊決定重建決策和通訊系統。

丹尼·梅爾在創業早期也遭逢了一連串幾近災難的事件。「我們掉落的燈具差點殺了一位客人。」梅爾說，「還有一次，我和一個喝了太多的客人互毆。我說的不是推擠碰撞而已，是眞的在全餐廳客人面前打了起來。他朝我下巴揍了一拳，把我的頭撞到門上，然後我踢他下體。算我們好運，那個時候還沒有網路的存在。」

成功文化的特別之處，似乎在於他們能夠利用危機具體化他們的目標。當那些領導者現在回過頭來反思過往的失敗時，他們都對那些令人痛苦的時刻心存感激（有時甚至還很懷念），因爲那些時刻正是幫助團隊發現自己潛能的考驗。

這讓我們對於建立目標有了更多的了解。建立目標不是簡單地將企業宗旨刻在花崗岩上或是鼓勵所有人背誦口號，而是一個永無止境的過程，你在其中不斷地嘗試、失敗、反思，以及最重要的——學習。高度目的性的環境不會憑空掉落到團隊頭上，他們必須一再反覆地挖掘，在難題中一起摸索方向，以面對這個變化快速的世界。

以下是可以幫助你做到的一些方法。

設定目標，並排出優先順序：爲了邁向目標，你首先必須要有一個目標。第一步是要列出你的優先事項，這表示你要在定義身分認同的選擇中做出取捨。大部分的成功團隊最後會有幾個（五或六個）優先事項，而很多文化無獨有偶地最後會將團隊內的關係——如何對待彼此——列在這份清單的第一項。這代表許多文化都理解一個事實：他們最好的計畫是建立並永續經營團隊。如果他們正確地處理關係，其他一切都將隨之而來。

不厭其煩地讓員工知道公司的目標：不久之前，有六百家公司的主管接受《企業》雜誌邀請，估算可以說出公司優先性最高的三大目標的員工百分比，他們預測有六十四％的員工可以做到。但當該雜誌隨後詢問員工時，卻只有二％的人做得到。這並非例外，而是常態。領導者通常會認爲團隊中所有人對事情的理解與他們一樣，但事實上並非如此。這就是爲什麼團隊需要徹底、不厭其煩地溝通。我拜訪的領導者對這件事一點也不害羞。他們把優先事項寫在牆上、加在電子郵件裡，絮絮叨叨地在演說、對話中提起，並且再三重複，直到它們成爲空氣的一部分。

提高認知度的方法，是養成定期測試公司價值觀和目標的習慣，就像詹姆斯·柏克對〈信條〉的挑戰那樣。這就要讓對話的內容，鼓勵人們盡力去解決重大的問題：**我們在做什麼？我們要往哪裡去？**我遇過的許多領導者似乎是用本能在做這件事，他們培養了一種或可稱爲「富有成效的不滿」態度。他們對成功抱持適度的懷疑。他們認爲還有其他更好的做事方法，而且不怕改變。他們認爲自己還沒有得到所有的答案，於是持續尋求指導與內在的明晰。

了解團隊成員對效率與創意的認知程度，並提供協助：每一種團隊技能都可以分爲兩種基本類型：能力上的技能與創意上的技能。

能力上的技能是指每次都用相同的方法工作，它們旨在提供類似機器的可靠性，通常適用於目標行爲很清楚、明確的行業，如服務業。要建立展現這些技能的目標，就像繪製一張生動的地圖：在地圖上標示出目的地，並在沿途提供清晰的指示。可以採行如下方法：

- 在團隊面前，布滿清晰、可以達成的卓越典範。

・提供高重複性、高回饋度的訓練。
・建立鮮明、容易記住的經驗法則（如果X，就Y）。
・突顯並尊重技能的基礎知識。

另一方面，創意上的技能則是允許團隊爲了打造出之前從未有過的東西而努力工作。在這方面要建立目標，就像爲探險隊提供裝備一樣：你必須給予支持、燃料以及工具，並且要像保護者那樣，使團隊有力量去做事。可以採行如下方法：

・密切關心團隊的組成與相處狀況。
・界定、強化並持續保護團隊的創意自主權。
・確保失敗與給予回饋時是安全的。
・當團隊採取主動時要大肆慶祝。

大部分團隊當然都結合了這兩種類型。他們在某些地方追求能力，在其他地方追求創意。重要的是，要清楚辨識出這兩者的不同，據此修改領導方式。

使用簡單明瞭的口號：當你檢視成功的文化時，他們內部有許多口號通常聽起來都太過直接、熱情或是陳腔濫調，於是我們很多人會反射性地認爲那不過是一些業界的行話而加以輕忽。但這並不盡然正確，偶有的俗氣與直接反而是它們的特色。這些口號如此清晰，外人聽著刺耳，但這正是它們發揮作用之處。

要創造有效的口號，其要領是讓它們保持簡短、行爲導向，並且直截了當：「創造樂趣，搞點小怪」（薩波斯）、「少說話，多做事」（IDEO）、「用功學習，友善待人」（奇普）、「敲擊岩石」（聖安東尼奧馬刺隊）、「將球衣留在更好的地方」（All Blacks紐西蘭國家橄欖球隊）、「爲客人營造渴望」（丹尼・梅爾的餐廳）。這些並不是詩文，但都很清楚是行爲導向的。它們也不是溫和的建議，而是在團隊往目標前進時，在一旁提醒，並明快地推上一把。

辨明什麼是眞正重要的事：在建立明確的目標上，最主要的挑戰是這個世界充滿了噪音、令人分心的事物，以及無窮無盡的目標。一個解決方法是，用簡單又舉世通用的評估方法，將焦點擺在重要的事情上。初期發生在薩波斯的事就是個好例子。當時，謝家華注意到電話服務中心的工作人員，是以他們每小時處理的電話數量來估算工作績效的。這種傳統的估算方式與他們的團隊目標背道而馳，而且會導致有害的行爲（對剛起步的產業來說，過於匆促與簡短）。於是謝家華捨棄這種評比方式，替換成「個人情感連結法」，以在關於產品的對話之外，還能創造一種聯繫。當然，要確切測量個人的情感連結是不可能的，但這樣做的目的本來就不是精確度，而是要創造認知與一致性，將行爲導向團隊的使命。所以當一位客服人員在一通電話上花了創公司紀錄的十小時又二十九分鐘時，薩波斯不但大加慶祝，還廣發新聞稿宣傳。*

利用實際的物品：如果你從火星到地球旅行，探訪成功的文化，不用多久你就會弄清楚他們是什麼樣子的。在這些成功文化的環境中，充滿代表其目標與認同感的實際物品。這些物品的範圍很廣：海豹部隊總部裡有在戰鬥中犧牲的軍人裝備；皮克斯裡有和原始概念的手稿擺在一起的奧斯卡獎座；聖安東尼奧馬刺隊練習場裡，有放在

---

* 這通電話的談話內容主題廣泛，包括電影、喜愛的食物以及住在拉斯維加斯是什麼感覺等。最終結果是薩波斯賣出了一雙雪靴。

玻璃窗後體現球隊口號「敲擊岩石」的石頭與長柄大錘。它們全都在強調同樣的訊號：**這很重要。**

專注在設定標準的行爲：在建立目標時有一項挑戰，就是將抽象的概念（價值、使命）轉換成具體的名稱。成功文化做到這件事的方法，是突顯單一任務，用它來定義團隊的身分認同，以及爲團隊的期望設定標準。

以昆尼皮亞克大學冰上曲棍球隊爲例。該校位於康乃狄克州的哈姆登小鎮，規模很小。該球隊的球員很少是高調招募而來，但他們卻是全國名列前茅的隊伍。教練蘭德·佩克諾建立了一種他稱之爲「全力以赴四十次」的特殊行爲。這是針對球被對方搶走後迅速回防守區阻截，以回應對方攻擊的行爲，基本上就是追著對方跑。一場比賽大概會回防守區阻截四十次，佩克諾就是要他的球員每次都百分之百全力以赴，這就是「全力以赴四十次」的意思。這不容易做到。回防守區阻截很消耗體力，需要密切注意，而且重點是，這在比賽中幾乎無法帶來什麼改變。

「這幾乎從來沒有回報。」佩克諾說，「你可以一連回防守區阻截三十九次，在比賽中也不會帶來什麼改變。但是到了第四十次，也許會發生什麼事。也許你阻截成功、搶到球、阻止對方射門，或是你造成對方失誤進而製造了我們得分的機會。回防守區阻截不會出現在任何統計資料上，但卻會改變整場比賽。這就是我們爲什麼要『全力以赴四十次』。我們就是這樣的隊伍。」

昆尼皮亞克的球員一直都在談論「全力以赴四十次」。他們在練習的時候談論、在比賽中談論，在佩克諾與球員定期的一對一會議時也在談論。當比賽中罕見地出現成功的回防守區阻截時，佩克諾會聚焦在那個時刻。

「隔天我會準備好錄影帶開始播放，」他說，「我不是會對球隊說粗話的人——你最好要小心說粗話的場合。但是在那個時候，我就會說粗話了。

「我會像放映電影一樣，切到回防守區阻截那一段，然後說：『看小修（前鋒湯米・修特）這裡。媽的，看小修是怎麼衝向前，擠掉了那個傢伙。』然後大家就會陷入瘋狂。小修的防守如果讓我們之後能夠得分，我也從不提射門成功或助攻的球員，我當他們不存在。我只會談小修，和他棒呆了的防守，還有因爲我們全力以赴才會讓它發生。你可以看出所有人都感受得到，然後下一次我們練習的時候，每個人都會準備好全力以赴四十次，並且愛上它。」

佩克諾不是唯一一個利用突顯微小、努力的行爲來建立目標的領導者。丹尼・梅爾在餐廳的時候，大家都知道如果鹽罐子稍稍偏離桌子的正中央，他就會親自動手調整。奇普學校的老師們如今仍然會津津樂道，創辦者戴夫・萊文在開學第一天會以公釐等級的精準度，將每位學生的水壺與筆記本放置妥當。皮克斯在每部獨立的短篇動畫電影上映前，都會在技術與說故事的品質上投入數百個小時。短篇電影會賠錢，但是他們以其他方式獲得回饋。他們投資工作室裡的年輕人才，創造實驗，最重要的是展現出他們為每項工作提供的關注與卓越程度。換句話說，這些小小的努力非常強大，因為它們傳遞、強化並且讚揚了整個團隊的目標。

後記　團隊工作，讓故事更美好

寫一本書，就像每一次的旅程，會改變一個人。我在過去四年進行這項計畫時，發現自己注意到以往錯過的細微連結時刻。我變得會欣賞一些地方，例如當地的麵包坊、我孩子的學校、加油站，還會用小小的互動來建立具有凝聚力的文化。我發現自己仰慕那些展現自己的缺點以打造誠實對話的領導者。在家裡，我的教養方式變得不太一樣，我話說得比較少，而且比較著重在尋求打造歸屬感的方法（牌卡遊戲絕對是最好的方式）。並不是好像我突然有了X光般的眼力，而是比較像在學習一項運動，剛開始你笨手笨腳，過了一段時間之後，你變得更好。

我最常拿這些技巧來指導一個團隊——不是運動團隊，而是我兩個最小的女兒所就讀、位於俄亥俄州克里夫蘭高地魯芬蒙特梭利中學的一個寫作團隊。這個寫作團隊的學生爲了爲時一天的全州作文比賽「筆下的力量」練習了一整年，比賽中他們需要使用三個短詞（例如「守住祕密」或是「被埋藏的寶藏」）寫出三個故事，評審會爲這些故事評分並給出名次。這是一項很有趣而且具有啓發性的活動，因爲它結合了寫作的創意與運動比賽中的腎上腺素。

魯芬中學過往在這項競賽的表現一向不是很理想。過去十年間（我已經指導了兩年），該校學生偶爾會在第一輪競賽勝出，但很難更進一步。這個結果很合理，畢竟魯芬中學是只有四十位學生的小型學校，但卻要和全州的巨型學校競爭。只是我不禁會思考：我們的團隊是否可以做得更好？因此二〇一四年，我決定使用一些在本書研究中學到的想法來做實驗。

在十月的第一次每週練習中，有凱薩琳、卡爾森、艾利、瓦拉、卡洛琳、夏美、大衛、納森與柔依這九位學生參與。這是一個活力充沛的團隊，擁有廣泛的技能與動力。瓦拉和艾利是擁有自信、經驗豐富的作家；卡爾森和卡洛琳比較猶豫不前，他們才剛要開始發展創意。其實我自己也很猶豫。過去幾年，我都是用傳統（也就是權威式的）方法在指導這個團隊：我很常演講、像是在講課那樣地說話，然後爲他們練習的故事提供回饋。就教學來說，我就是「講台上的智者」，而那是一個可以舒適站立的地方。但是今年不一樣了。

的寫作就會大爲改善。

接著我給團隊一個提示。在他們寫作十五分鐘後，我請他們放下筆，並向他們說明一個簡單的規則：我鼓勵每個人站起來大聲唸出他們的故事，也鼓勵每個人給予回饋。有些學生對要大聲唸出故事感到猶豫不決，他們也不知道該如何評論其他人的故事。但是慢慢地，過了幾週，我們有了進展。卡洛琳剛開始並不想唸出她的故事，如今卻能坦率地與大家分享，將我們帶入她創造的科幻小說世界。夏美起初也不太想評論團隊成員的作品，如今也開始參與，給大家溫暖又犀利的指導。

我們在回饋時間採取「哪裡寫得好？如果這樣做能更好」的方法：首先正面讚美故事，然後再提供使其改善的想法。慢慢地，交流進展成一項習慣；團隊不再表現得像典型的班級，而開始像是在義大利麵和棉花糖挑戰中的幼稚園兒童：肩並肩工作、修正問題、一體思考。

同時，我專注在支持這些互動上。當有人寫出成功的故事或提供深刻的評論時，我不會發表言論，而是與他們擊拳。就像丹尼．梅爾一樣，我讓這個場域充滿口號，指引他們走在寫作與修正的道路上。有個口號是「問題的力量」，提醒他們最成功的故事包含在巨大難題中掙扎的角色，問題愈大，故事愈好（畢竟《白鯨記》裡的亞哈船長不會去追小魚）。另一個口號是「運用你的相機」，這提醒他們去操控觀點（你是否要帶讀者進入角色的內心？或是要從上往下觀察他們？）我不斷告訴他們：「每個故事都應該有三件事：聲音、障礙與渴望。問題愈大，故事愈好。你們是創意運動家，必須幫助彼此進步。」

對我來說，這種指導風格在某些方面的要求更多。它需要更多的檢討以思考如何激發討論與給予鼓勵。我也掙扎於**無為**這項挑戰：允許對話偶爾漫談到脫離主題，而沒有立即掌控。在其他方面，這個新風格比較容易。我沒有專注在表達知識上（這需要許多準備與精確度），而是可以像個嚮導，放手讓團隊去運作、留意我可以介入的時刻，並且以詞彙或肢體語言來創造某種認知，或者協助更加突顯他們所做出的成功決定。

區域競賽在情人節舉辦。當天早上，俄亥俄州東北部有一場暴風雪，帶來了五英寸厚的積雪，風速每小時四十四英里。我們在暴風雪中開車到主辦學校場地，在有如末日般狂風怒吼的慘白荒涼景象中，我們瞥見汽車和貨車滑出道路、緊急救難人員圍在路邊。「我們應該寫一個關於這場暴風雪的故事。」柔依說。於是團隊的其他人開始用他們看見的畫面編寫故事。

當我們抵達主辦學校時，在窗邊找到了一張桌子，然後孩子們互相擊拳後進入不同的教室，領取他們的短詞並開始寫故事。兩小時後，他們從教室魚貫而出，張大著雙眼，看起來筋疲力盡。三點時，競賽規畫人員完成了所有作品的評分與排名，請我們和其他幾百名參賽者進入體育館，準備宣布得勝者。

長話短說：我們表現得很好。十一年級的比賽中，柔依得到第十四名。八年級的比賽中，納森第十二名，瓦拉第十名，夏美第四名，艾利則勇奪第一。最後，我們成功捧走八年級級別的優勝獎盃。幾週後，團隊在另一個區域競賽中表現得同樣良好，柔依得到第一名與優等獎；四名學生獲得參加州競賽的資格，這是學校有史以來最好的成績；而艾利則獲得優秀年輕作家獎。

但是對我來說，這還不是最精采的部分。最精采的是和卡爾森這位沒有多少寫作經驗、安靜的八年級生有關。他雖然沒有超越區域比賽，但仍然繼續在星期二的練習時段出現。他對於分享寫作的內容再也不那麼害羞，而且他還在其他方面展現出創意（那個春天，他要在學校製作的《梅岡城故事》中，飾演重要的角色艾提克．芬奇）。

在團隊中，卡爾森的專長是撰寫一位名為強尼．麥克塔夫的傳奇角色的故事。這角色是個又高又帥、自信心破表的高中生，他誤以為自己是世上最強的橄欖球員。強尼．麥克塔夫的故事很棒的一部分原因，是因爲強尼具有無可撼動的信心，他相信自己不需要任何人——不需要教練、不需要團隊、不需要他的父母，甚至不需要頭盔，導致他陷入各種可笑的困境。但是，由於卡爾森和團隊的互動方式，這些故事大多數都很精采。每個星期，卡爾森都會以神氣活現、帶有男子氣概的聲音講述強尼．麥克塔夫的最新冒險，而團隊則是哄堂大笑。我們嘲笑這位誤入歧途、以爲他可以獨自迎戰全世界的英雄。然後我們所有人會開始一起工作，讓這個故事變得更好。

致謝

撰寫這本書是一項團隊工作，我很幸運擁有一些經驗格外豐富的教練，其中尤以我優秀的編輯 Andy Ward，還有我的超級經紀人 David Black 爲最。

我弟弟 Maurice 是位具有優異才能的編輯與作家，他展現了無可限量的價值，參與了整個研究與寫作過程、提供創意概念和挑戰性的想法、編輯手稿並耐心地參與數百個對話。那些對話讓本書得以成形。

我要感謝藍燈書屋出版社的 Kaela Myers、Cindy Murray、Susan Corcoran、Kim Hovey、Kara Walsh、Sanyu Dillon、Debbie Aroff、Theresa Zoro、Max Minckler、Scott Shannon、Simon Sullivan、Amelia Zalcman、Paolo Pepe 以及 Gina Centrello。感謝 Black Inc 的 Susan Raihofer、Emily Hoffman、Sarah Smith 以及 Jenny Herrera。感謝 Wanashaker 的 Margaret Ewen、Kathryn Ewen 與 Adrienne Zand。感謝皮克斯的 Ed

Catmull、Michelle Radcliff、Wendy Tanzillo與Mike Sundy。感謝聖安東尼奧馬刺隊的R. C. Buford、Chip Engelland、Chad Forcier與Sean Marks。感謝薩波斯的Maggie Hsu、Joe Mahon、Lisa Shufro、Angel Sugg、Jeanne Markel、Zubin Damania、Zach Ware以及Connie Yeh。還要感謝IDEO的Duane Bray、Nili Metuki、Njoki Gitahi、Lawrence Abrahamson、Peter Antonelli與Nadia Walker。感謝奇普的Dave Levin、Mike Feinberg、Joe Negron、Allison Willis Holley、Lauren Abramson、Angela Fascilla、Jeff Li、Carly Scott、Alexa Roche與Glenn Davis。感謝正直公民喜劇團的Kevin Hines與Nate Dern。感謝聯合廣場餐飲集團的Danny Meyer、Erin Moran、Haley Carroll、Richard Coraine、Rachel Hoffheimer、Susan Reilly Salgado、Stephanie Jackson、Kim DiPalo、Allison Staad與Tanya Edmunds。我也要感謝不想在這裡被列出姓名的海豹部隊成員。

科學界有許多人付出他們的時間與專長。我特別要感謝Jay Van Bavel、Amy Edmondson、Sigal Barsade、Gregory Walton、Geoff Cohen、Jeff Polzer、Carl Marci、Will Felps、Tom Allen、Jeffry Simpson、Clifford Stott、Andy Molinsky、Bradley Staats、Oren Lederman、Alex Pentland、Reb Rebele、Constantinos Coutifaris、

Matthew Corritore 與 Ben Waber。

許多同事與朋友大方地與我分享他們對於團隊表現與文化的洞見，他們很多人都是優秀機構裡的成員。我特別要感謝 Chris Antonetti、Mike Chernoff、Terry Francona、Paul 和 Karen Dolan、Derek Falvey、Carter Hawkins、James Harris、Ceci Clark、Brian Miles、Oscar Gutierrez Ramirez、Alex Eckelman、Eric Binder、Matt Forman、Tom Wiedenbauer、Sky Andrecheck、Victor Wang、Alex Merberg、Matt Blake、Johnny Goryl、Marlene Lehky、Nilda Tafanelli、Ross Atkins、Mark Shapiro、Adam Grant、Peter Vint、John Kessel、Chris Grant、Jerry Azzinaro、Josh Gibson、Steve Gera、Rich Diviney、Sam Presti、Billy Donovan、Mark Daigneault、Oliver Winterbone、Dustin Seale、Scott McLachlan、Mike Forde、Henry Abbott、David Epstein、Alex Gibney、Laszlo Bock、Tom Wujec、Bob Bowman、David Marsh、Finn Gunderson、Richie Graham、Anne Buford、Troy Flanagan、Shawn Hunter、Dennis Jaffe、Rand Pecknold、Brett Ledbetter、Pete Carroll、Cindy Bristow、Michael Ruhlman、Bill Pabst、Jay Berhalter、Nico Romeijn、Wim van Zwam、Scott Flood、Dan Russell 與 Doug Lemov。

我個人則要特別感謝 Jon Coyle、Marian Jones、John Giuggio、Rob Fisher、Fred 與 Beeb Fisher、Tom Kizzia、Todd Balf、Jeff 與 Cindy Keller、Laura Hohnhold、Mike Paterniti、Sara Corbett、Mark Bryant、Marshall Sella、Kathie Freer、Tom 和 Catie Bursch、Paul Cox、Kirsten Docter、Rob 和 Emily Pollard、Dave Lucas、George Bilgere、Doug 與 Lisa Vahey、Carri Thurman、John Rohr、Geo Beach、Sydney Webb，以及 Lisa Damour 銳利的編輯眼力。

最後，感謝我的父母 Maurice 和 Agnes Coyle，他們打從一開始就是我靈感上的指引，給予我支持。謝謝我的孩子 Aidan、Katie、Lia 和 Zoe，他們讓我感到非常驕傲。我尤其最要感謝我的妻子 Jen，她的溫暖、聰慧與善良讓每一天都充滿愛。這本書因爲妳而存在。

Eurasian Publishing Group
圓神出版事業機構
用心與你對話．視野無限寬廣
先覺出版社
Prophet Press
www.booklife.com.tw
reader@mail.eurasian.com.tw
商戰系列 196

高效團隊默默在做的三件事：

Google、迪士尼、馬刺隊、海豹部隊都是這樣成功的

作　　者／丹尼爾・科伊爾（Daniel Coyle）
譯　　者／王如欣
發 行 人／簡志忠
出 版 者／先覺出版股份有限公司
地　　址／台北市南京東路四段50號6樓之1
電　　話／（02）2579-6600・2579-8800・2570-3939
傳　　真／（02）2579-0338・2577-3220・2570-3636
總 編 輯／陳秋月
主　　編／李宛蓁
責任編輯／蔡忠穎
校　　對／蔡忠穎・李宛蓁
美術編輯／林雅錚
行銷企畫／詹怡慧・黃惟儂
印務統籌／劉鳳剛・高榮祥
監　　印／高榮祥
排　　版／陳采淇
經 銷 商／叩應股份有限公司
郵撥帳號／18707239
法律顧問／圓神出版事業機構法律顧問　蕭雄淋律師
印　　刷／祥峰印刷廠
2019年8月　初版
2024年4月　7刷

THE CULTURE CODE: The Secrets of Highly Successful Groups
by Daniel Coyle

定價 330 元　　ISBN 978-986-134-345-7　

雖然成功的文化看起來、感覺起來有如變魔術一般神奇，但其實不然。文化是一組有生命力的關係，讓我們朝向共同目標而努力。文化並不在於你是什麼，而是你做了什麼。

——丹尼爾．科伊爾，《高效團隊默默在做的三件事》

國家圖書館出版品預行編目資料

高效團隊默默在做的三件事：Google、迪士尼、馬刺隊、海豹部隊都是這樣成功的／丹尼爾．科伊爾（Daniel Coyle）著；王如欣 譯.
--初版.--臺北市：先覺，2019.08
288面；14.8X20.8公分.--（商戰系列；196）
譯自：The culture code: the secrets of highly successful groups
ISBN 978-986-134-345-7（平裝）

1. 企業領導　2. 組織管理

494.2　　108009930